火电厂厂界环保岛技术
百问百答系列丛书

SCR 烟气脱硝分册

华电电力科学研究院　编　著

U0261453

中国电力出版社
CHINA ELECTRIC POWER PRESS

内 容 提 要

本书为火电厂"厂界环保岛"技术百问百答系列丛书的 SCR 烟气脱硝分册。本书从 SCR 烟气脱硝技术基础知识、SCR 脱硝催化剂、SCR 烟气脱硝工程建设、SCR 脱硝装置运行与维护等方面入手,精选长期困扰现场技术人员的 100 个疑难问题,深入剖析、精心作答,解决技术人员知其所以然的问题,指导 SCR 脱硝装置安全、经济运行。

本书适合火电厂从事环保相关工作的管理人员、技术人员、运行维护人员阅读使用,也可供从事火电环保相关工作的研究人员、工程技术人员参考。

图书在版编目（CIP）数据

火电厂"厂界环保岛"技术百问百答系列丛书. SCR 烟气脱硝分册 / 华电电力科学研究院编著. —北京：中国电力出版社，2018.1
ISBN 978-7-5198-1547-9

Ⅰ. ①火… Ⅱ. ①华… Ⅲ. ①火电厂–污染防治–问题解答②烟气–脱硝–问题解答 Ⅳ. ①X773–44②X701.3–44

中国版本图书馆 CIP 数据核字（2017）第 310653 号

出版发行：中国电力出版社
地　　址：北京市东城区北京站西街 19 号（邮政编码 100005）
网　　址：http://www.cepp.sgcc.com.cn
责任编辑：赵鸣志（zhaomz@126.com）
责任校对：朱丽芳
装帧设计：赵姗姗
责任印制：蔺义舟

印　　刷：三河市百盛印装有限公司
版　　次：2018 年 1 月第一版
印　　次：2018 年 1 月北京第一次印刷
开　　本：880 毫米×1230 毫米　32 开本
印　　张：4.5
字　　数：105 千字
印　　数：0001—2000 册
定　　价：35.00 元

前　言

　　我国的能源结构决定火力发电是电力供应的主要来源，且在相当长时间内不会改变，而由此导致的污染问题日益受到广泛重视。火电厂长期以来一直是我国环保工作的主力军，从早期的大规模除尘改造、"十一五"大规模脱硫改造、"十二五"大规模脱硝改造、当前"十三五"大规模烟气超低排放改造，到近年来国家发布的"水十条"、部分地方政府要求的"废水零排放"，再到当前提出的煤场封闭、噪声控制、固废处理、"烟气消白"等多重政策性要求，各类环保技术层出不穷、逐步叠加，火电厂环保技术路线越来越繁杂，环保工作涉及面越来越广、环保设施越来越多，对从事火电厂环保工作的专业人员的技术水平与运维能力要求也越来越高。

　　在上述背景形势下，华电电力科学研究院（以下简称"华电电科院"）在行业内首次提出"厂界环保岛"理念，即以厂界为限，从全局性的视角系统化看待火电厂水、气、声、渣污染所涉及的常规污染物与新型污染物，通过"源头控制、末端治理、协同脱除、系统集成、过程管理"的全方位、全流程管控方式，实现火电厂环保设施的优化、高效、节能、可靠建设与运维，从而有效提升火电厂生产运营的环保效益与经济效益。

　　华电电科院是华电集团下属专门从事火力发电、水电及新能源发电、煤炭检验检测及清洁高效利用、质量标准咨询及检验检测、分布式能源等技术研究与技术服务的专业机构。华电电科院环保技术团队自 2009 年以来，在火电厂"厂界环保岛"技术研究以及相关技术服务方面开展了大量工作，积累了大量"厂界环保岛"技术应用的一手资料与实践经验，相关研究成果得到了广泛应用并取得了一系列荣誉与褒奖。

针对当前火电厂"厂界环保岛"技术应用现状与从事相关专业工作人员的技术能力提升需求，华电电科院特成立编著委员会，以实践为基础、以问题为导向，对近年来在火电厂"厂界环保岛"技术应用研究与实践过程中形成的经验与成果进行了全面的梳理与总结，结合前期开展的大量调研工作，组织编写了本套《火电厂"厂界环保岛"技术百问百答系列丛书》。本套丛书根据当前火电厂"厂界环保岛"主要环保设施分别设置了脱硫、脱硝、除尘、废水治理、固废治理等分册，每个分册分别设置了技术、建设、运行、维护、服务等章节，对环保从业人员普遍面临和关注的问题进行了系统性分析和解答，同时对华电电科院环保技术团队近年来的研究成果进行了展示，具有较强的实用性和可操作性，可供工程技术人员、管理人员、运维人员及相关专业人员后续开展相关工作借鉴与参考。

在本套丛书编写过程中，得到了有关领导及专家的支持与指导，在此一并致谢。限于作者水平和编写时间，书中存在疏漏或不当之处在所难免，欢迎各位同行及专家不吝赐教、进一步探讨。

朱　跃

2017 年 10 月

目　录

第四章　SCR 烟气脱硝装置运行 ······ 74

SCR 烟气脱硝技术基础知识

1. SCR 烟气脱硝基本原理是什么？

答： 选择性催化还原法（selective catalytic reduction，SCR）烟气脱硝技术是当前电站锅炉普遍采用的深度烟气脱硝技术，其基本原理是将还原剂氨气喷入锅炉省煤器出口烟道内，烟气温度范围为 300～420℃，还原剂氨气（NH_3）在催化剂的作用下，有选择性地与烟气中的氮氧化物反应生成氮气（N_2）和水（H_2O），其主要的化学反应方程式见式（1-1）和式（1-2）：

$$4NH_3 + 4NO + O_2 \Longrightarrow 4N_2 + 6H_2O \qquad (1-1)$$

$$2NH_3 + NO + NO_2 \Longrightarrow 2N_2 + 3H_2O \qquad (1-2)$$

关于 NO 的 SCR 反应机理，早在 20 世纪就已得到广泛深入的研究，大部分研究者认同的反应机理如图 1-1 所示，通过 NH_3 与 NO 在 $V^{5+}=O$ 活性位上的吸附进而分解，使二者分别氧化还原为 N_2，在这一过程中 V^{5+} 充当氧化剂，最终被还原为 V^{4+}，然后通过 O_2 的氧化，重新将 V^{4+} 氧化为 V^{5+}，其中的速率控制步骤为气态 O_2 对 V^{4+} 的氧化，反应机理如式（1-3）～式（1-6）所示：

$$V^{5+} = O + NH_3 \longrightarrow HO - V^{4+} - NH_2 \qquad (1-3)$$

$$HO - V^{4+} - NH_2 + NO \longrightarrow HO - V^{4+} - (NH_2) - NO \qquad (1-4)$$

$$HO - V^{4+} - (NH_2) - NO \longrightarrow V^{4+} - OH + N_2 + H_2O \qquad (1-5)$$

$$4V^{4+} - OH + O_2 \longrightarrow 4V^{5+} = O + 2H_2O \qquad (1-6)$$

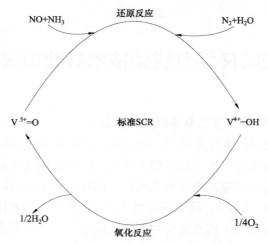

图 1-1 标准 SCR 反应机理示意图

而当烟气中存在 NO_2 时，上述反应机理将发生一定变化，如图 1-2 所示。V 活性位的还原步骤都是一致的，即通过 NH_3 与 NO 在活性位上的吸附进而分解，使二者分别氧化还原为 N_2，在这一过程中 V^{5+} 充当氧化剂，最终被还原为 V^{4+}；而在氧化环节，由于 NO_2 的氧化能力要显著强于 O_2，所以会替代 O_2 将 V^{4+} 氧化为 V^{5+}，且此过程的反应速率将大大提升，反应机理如式（1-7）所示。由于此步骤为整个氧化还原反应的速率控制步骤，所以反应式（1-2）的反应速率要明显大于反应式（1-1），因此一般将反应式（1-1）定义为标准 SCR（Standard SCR），反应式（1-2）定义为快速 SCR（Fast SCR）。

$$V^{4+} - OH + NO_2 + NH_3 \longrightarrow V^{5+} = O + N_2 + 2H_2O \quad （1-7）$$

通过上述机理分析可知，由于电站锅炉烟气中通常含有少量 NO_2（一般认为约为 5%），因此在 SCR 反应中将优先发生反应式（1-2），当 NO_2 完全反应后，再发生反应式（1-1）。

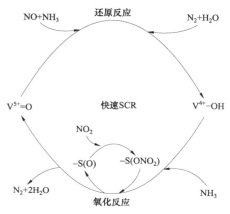

图 1-2　快速 SCR 反应机理示意图

2. SCR 烟气脱硝的布置方式有哪些?

答: SCR 工艺需要在锅炉烟道上设置一个反应器,受制于脱硝催化剂运行烟温要求、锅炉烟气参数、飞灰特性及空间布置等因素,SCR 工艺布置方式分为三种:高灰型、低灰型和尾部型。

如图 1-3 所示,高灰型 SCR 布置于省煤器后和空气预热器前的烟道中,是目前国内外脱硝装置的主流布置形式,烟气温度合适(300~420℃)、经济性最高。但这种工艺配置也存在一些问题,如高浓度 SO_2、粉尘与燃煤烟气中的微量元素对 SCR 催化剂极易产生毒化作用,从而降低催化剂寿命。

针对上述问题,有相关研究机构与工程单位提出低灰型与尾部型布置方式,其中低灰型 SCR 布置于除尘器后和脱硫塔前的烟道中,而尾部型 SCR 布置于脱硫塔后和烟囱前的烟道中。但由于低温 SCR 催化剂的研发目前仍处于实验室阶段,而采用常规商用催化剂需将烟气加热到 250℃以上,能耗相对高灰型布置方式明显较高,因此目前未得到广泛应用。

此外,针对高灰型 SCR 布置方式,一般是将烟气引出,在炉后新建钢架支撑 SCR 脱硝反应器，完成脱硝反应后的烟气再返回锅炉空气预热器。但对于炉后空间有限或脱硝效率要求不高的项目，如图 1–3 右侧所示，也可采用烟道型反应器布置方式，即不新建反应器，在省煤器与空气预热器之间的烟道内布置脱硝催化剂，烟气在烟道反应器内完成脱硝反应后直接进入空气预热器。

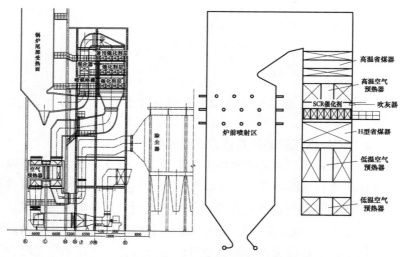

图 1–3　高灰型 SCR 与高灰烟道型 SCR 布置示意图

3. 简述 SCR 烟气脱硝工艺流程。

答： SCR 烟气脱硝系统从工艺流程上主要可分为还原剂储存制备系统与脱硝反应器系统两部分。

以最为普遍的液氨制备还原剂为例，如图 1–4 所示，在氨存储和制备区，液氨通过卸料软管由槽车内进入液氨储罐。卸车时，储罐内的气体经压缩机加压后进入槽车，槽车内的液体被压入液氨储罐。液氨储罐液位到达高位时自动报警并与进料阀及压缩机电动机连锁，切断进料阀及停止压缩机运行。储罐内的液氨通过出料管输送至液氨蒸发器蒸发成氨气，并将氨气加热至常温后，送到氨气缓冲罐备用。缓冲罐的氨气经调压阀减压后，被送往SCR反应系统以供使用。

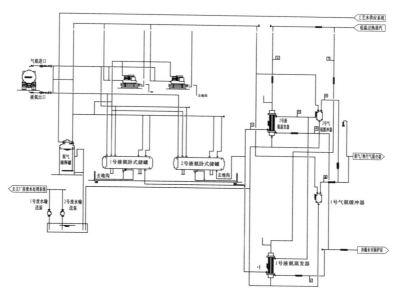

图1-4　还原剂储存制备系统示意图

如图1-5所示，自还原剂制备区来的氨气与稀释风机来的空气在氨/空气混合器内充分混合。稀释风机流量一般按100%负荷氨量对空气的混合比为5%设计。氨的注入量由SCR进出口 NO_x 及 O_2 监视分析仪测量值、烟气温度测量值、稀释风机流量和烟气流量进行控制。混合气体进入位于烟道内的氨喷射格栅，喷入烟道后，可再通过静态混合器与烟气充分混合，然后进入SCR反应器。SCR反应器操作温度为300～420℃。氨与 NO_x 在反应器内，在催化剂的作用下反应生成 N_2 和 H_2O，然后随烟气进入空气预热器。

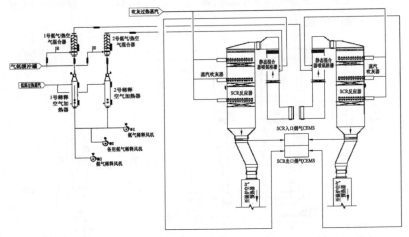

图 1-5　脱硝反应器系统示意图

4. SCR 烟气脱硝系统包括哪些主要设备？

答：SCR 烟气脱硝系统主要分为还原剂储存制备系统、脱硝反应器系统以及测量与控制仪器。

1. 还原剂储存制备系统

还原剂若为液氨，主要设备有卸料压缩机、液氨储罐、液氨供应泵（如有）、液氨蒸发槽、氨气缓冲槽、废水泵等。

还原剂若为尿素，则主要设备有尿素溶液制备罐、尿素供应泵、尿素溶液储罐、定量给料泵、尿素热/水解器等。

还原剂若为氨水，则主要设备有氨水卸料泵、氨水储槽、氨水给料泵、氨水蒸发槽、废水泵等。

2. 脱硝反应器系统

主要设备包括连接烟道、稀释风机、氨与空气混合器、SCR 反应器、还原剂喷射系统、静态混合器（如有）、催化剂、蒸汽/声波吹灰器等。

6

3. 测量与控制仪器

主要设备包括温度测量仪表、流量测量仪表、压力测量仪表、物流测量仪表、电气测量仪表、氨泄漏监测器、火灾探测器、烟气分析仪、开关量测量仪表、执行机构、PLC 及 DCS 控制系统、就地盘/本体控制装置、摄像头等。

5. SCR 烟气脱硝包括哪些副反应?

答: 当前常规商用脱硝催化剂是以 V_2O_5 作为主要活性成分,其对 SO_2 和 Hg^0 的氧化也具有催化作用,且与脱硝反应存在竞争吸附关系,因此 SCR 烟气脱硝过程中主要有以下两个副反应:

$$2SO_2 + O_2 \longrightarrow 2SO_3 \qquad (1-8)$$
$$Hg^0 \longrightarrow Hg^{2+} \qquad (1-9)$$

其中反应式(1-8)是将烟气中的 SO_2 催化氧化为 SO_3,由于 SO_3 会导致后续设备腐蚀、堵塞、污染等一系列问题,因此在工程应用中一般要求严格控制 SO_2/SO_3 的转化率。

反应式(1-9)是将烟气中的 Hg^0 催化氧化为 Hg^{2+},考虑到 Hg^{2+} 能够在后续除尘、脱硫等设备中被有效脱除,因此这一副反应一般被认为是有利的。当前常规商用 SCR 脱硝催化剂对 Hg^0 虽然有一定的氧化作用,但初始汞氧化性能较低,通常在 10% 以下,且相关研究表明,汞的氧化效率极大地依赖于烟气中 HCl 的浓度。近年来相关催化剂厂家也在积极开发高 Hg^0 催化氧化率的产品,目前已有部分工程应用业绩。

6. SCR 脱硝还原剂包括哪些?

答: 目前,SCR 烟气脱硝工程中常用的还原剂有液氨、尿素和氨水三种。

1. 液氨

液氨是一种无色、有强烈刺激性气味、低沸点(沸点为

–33.35℃）的液体，为常见化工原料，主要用于生产硝酸、尿素和其他化学肥料，还可用于杀菌和降温制冷，多采用钢瓶或槽车运输。GB 13690—2009《化学品分类和危险性公示通则》将其归为急性毒性、皮肤腐蚀/刺激、严重眼损伤/眼刺激类别的易燃物质。其挥发物氨气的爆炸极限为 15.7%～27.4%，与空气混合后遇明火、高温易引起燃烧爆炸。GB 18218—2009 根据《危险化学品重大危险源辨识》的规定，氨贮量超过 10t 为重大危险源，按此规定基本所有火电厂氨区都属于重大危险源，而点火轻柴油、氢气、乙炔一般储量相对较小不属于重大危险源。危险化学品重大危险源级别依据实际氨储量和厂界外 500m 范围内的常住人口数量而定，据粗略估算，火电厂一般属于三级，极少数装机容量较大和周围人口密集的火电厂可以达到二级。

2. 尿素

尿素又称碳酰二胺，分子式为（NH₂）₂CO，为无色针状或棱柱状晶体，尿素中的含氮量为 46.6%，是含氮量最高的中性固体化肥，适用于各种土壤和植物，易保存和运输，对土壤的破坏作用小，是目前使用量较大的一种化学氮肥。工业上一般用氨气和二氧化碳在一定条件下合成尿素。尿素不属于危险化学品，受热分解产生氨气。

3. 氨水

氨水又称阿摩尼亚水，主要成分为 $NH_3 \cdot H_2O$，是氨气的水溶液，无色透明且具有刺激性气味。氨水易挥发，对眼、鼻、皮肤有刺激性和腐蚀性，具有部分碱的通性，主要用作化肥。同时氨水是 GB 12268—1990《危险化学物品名表》规定的危险品，含氨 10%～35%的氨水为 82503 号危险品。烟气脱硝用氨水浓度常小于 29.4%，一般为 19%～28%，其安全性略高于液氨，但不及尿素。

7. SCR脱硝还原剂应如何选择？

答：还原剂的选择是影响SCR脱硝系统安全、稳定、经济的主要因素之一，应具有效率高、价格低廉、安全可靠、存储方便、运行稳定、占地面积小等特点，但在实际工程应用中无法同时满足上述要求，因此须针对具体项目情况进行技术经济比较后确定。常用的三种还原剂的技术经济比较见表1–1。

由于液氨来源广泛、价格便宜、投资及运行费用均较其他两种物料节省，因而目前国内SCR装置大多采用液氨作为SCR脱硝还原剂；但同时液氨属于危险品，对于存储、卸车、制备、采购及运输路线国家均有较为严格的规定。

尿素制氨工艺安全成熟可靠，占地面积小，而且国家目前对尿素作为脱硝还原剂在存储、卸车、制备、采购及运输路线方面尚无要求，但由于尿素需要使用专用设备热解或水解制备氨气，设备投资成本高，而且尿素价格高，制氨过程中需要消耗一定的热量，运行成本较高。近年来，随着尿素热解和水解工艺国产化，投资及运行费用降低，尿素制氨工艺也得到了广泛应用。

使用氨水作为脱硝还原剂，对存储、卸车、制备区域以及采购、运输路线国家没有严格规定，但运输量大，运输费用高，制氨区占地面积大，而且在制氨过程中需要将大量的水分蒸发，消耗大量的热能，运行成本高昂，且存在设备腐蚀等问题，因此应用业绩较少，主要在小容量或就近有廉价氨水来源的机组上应用。

总体而言，SCR脱硝还原剂的选择应当结合自身工程的特点、国家规范和当地安全、环保部门要求来综合选择确定。

表1–1　　　　　三种常用还原剂技术经济比较

项　目	液氨	尿素	氨水
还原剂存储条件	高压	常压、干态	常压
还原剂存储形态	液态	微粒状	液态

项 目	液氨	尿素	氨水
还原剂运输费用	便宜	便宜	贵
反应剂费用	便宜	贵	贵
还原剂制备方法	蒸发	热解/水解	蒸发
技术工艺成熟度	成熟	成熟	成熟
系统复杂性	简单	复杂	较复杂
系统响应性	快	快/较慢	快
产物分解程度	完全	不完全/完全	完全
潜在管道堵塞现象	有	有	无
还原剂制备副产物	无	有	无
设备安全要求	有	基本上不需要	有
占用场地空间	大	小	大
固定投资	低	高	高
运行费用	低	高	高

8. 以尿素作为脱硝还原剂的制备技术有哪些？

答：尿素溶液在一定温度下发生分解，生成氨气和二氧化碳，这是尿素制氨的工艺原理。目前进入工程应用的尿素制氨工艺主要有热解和水解两种方法。

1. 热解

当前实际工程应用的尿素热解项目以炉外热解制氨技术应用最多，其基本工艺如图 1-6 所示，粒状尿素在溶解罐内制成浓度约 50%的尿素溶液并泵入尿素溶液储罐内储存，再由高流量循环泵送入稀释计量模块，经稀释和计量后由特殊设计的喷枪喷入热解炉，在热风的作用下分解出 NH_3，形成浓度小于 5%的混合气，经喷氨格栅喷入 SCR 入口烟道。热解需要的热源主要有电能、油和天然气，目前工程上大多采用电能。为节省厂用电，可采用热一次风或者二次风预热，再用电加热器加热到 600℃左右进入热解炉，当前也有厂家提出采用高温烟气换热器代替电加热器加热稀释风，并得到了工程应用，取得了较好的节能降耗效果。除上述炉外热解外，还有炉内尿素直喷热解、高温烟气旁路尿素直喷热解等新型热解技术，但应用业绩较少，可靠性、经济性等仍有待检验。

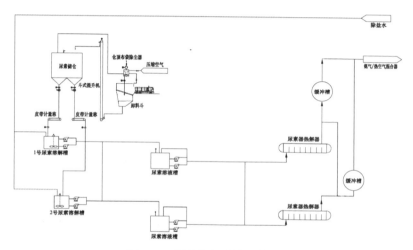

图 1-6　尿素热解系统示意图

2. 水解

尿素水解是尿素制备过程的逆反应，在化肥领域通过水解反应对尿素废液进行回收利用。水解反应为强吸热反应，由两步组成，即

$$CO（CO（NH_2））_2+H_2O \longrightarrow NH_2COOHNH_4-15.5kJ/mol$$
$$\text{（1-10）}$$
$$NH_2COOHNH_4 \longrightarrow 2NH_3+CO_2+177kJ/mol \quad \text{（1-11）}$$

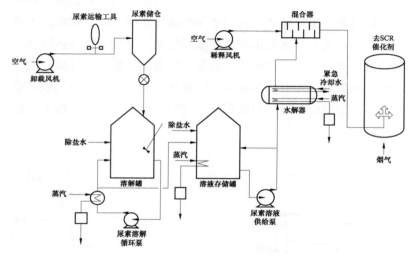

图 1-7　尿素水解工艺流程

　　如图 1-7 所示，尿素水解系统与热解系统类似，差异主要在于将热解反应器改为水解反应器。水解反应采用蒸汽盘管间接加热，反应条件约为 135～180℃、0.54～0.82MPa。反应速度较慢，水解器的出力通过水解反应的速度进行控制，反应速度由温度进行控制，水解器温度由蒸汽的用量来控制。由于尿素水解采用低品质蒸汽，且从尿素水解器出来的低温饱和蒸汽还可以用来加热尿素溶液，故其能耗水平相对较低。针对其反应速率较慢的问题，目前有相关研究机构提出催化水解技术，即在尿素水解过程中添加了催化剂，从而改变水解进度，提高了水解速度，反应速度为普通水解法的 30 倍，启停速度快，负荷变化跟踪响应快。其反应机理为

$$（NH_2）_2CO+催化剂+H_2O \longrightarrow 中间产物+CO_2 \quad （1-12）$$

$$中间产物 \rightarrow 2NH_3+催化剂 \quad （1-13）$$

　　综合反应为

$$（NH_2）_2CO+H_2O \longrightarrow 2NH_3+CO_2 \quad （1-14）$$

上述主流尿素制氨技术对比详见表 1–2。

表 1–2　　　　　　主流尿素制氨技术对比情况表

	尿素热解	普通尿素水解	尿素催化水解
关键设备	电加热器、热解炉	水解室、热交换器	反应器、热交换器
反应温度	＞600℃	135～180℃	135～180℃
反应压力	常压	0.54～0.82MPa	0.54～0.82MPa
副产物	异氰酸、三聚氰胺等，进入 SCR 反应器	定期排放杂质	定期排放杂质
优点	响应快（5～30s），无氨气驻留	（1）运行成本较低；（2）能耗较低；（3）尿素转化率较高（99%）	（1）运行成本较低；（2）能耗较低；（3）尿素转化率较高（99%）；（4）响应较快（＜1min）
缺点	（1）运行成本较高；（2）有副产物产生，尿素转化率较低（80%～90%）；（3）能耗较高；（4）热解炉底部及喷枪易堵塞	（1）响应时间较长（5～30min）；（2）材质要求较高（316L）	（1）需要定期添加催化剂；（2）材质要求较高（316L）

9. SCR 脱硝喷氨格栅（AIG）有哪些形式？

答：SCR 脱硝喷氨格栅（AIG）的全称是 ammonia injection grid。从气氨缓冲槽出来的氨气压力约 0.3～0.35MPa，经流量调节阀之后，分别进入每台反应器前的混合器内混合。充分混合的氨/气压力约 2～4kPa，经由 AIG 进入 SCR 上升烟道内，在烟气扩散和静态混合器湍流的作用下，氨气与烟气中的 NO_x 混合，并在催化剂的作用下进行脱硝还原反应。到达顶层催化剂的 NO_x 与 NH_3 混合均匀程度，直接决定了反应器出口的 NO_x 和氨逃逸浓度分布，并影响到整体脱硝效率和下游设备的 NH_4HSO_4 堵塞。NO_x 与 NH_3 在顶层催化剂表面的分布均匀性，取决于 AIG 上游的 NO_x

分布、烟气流速分布、AIG 各喷嘴的流量分配、烟气的混合扩散及 AIG 与催化剂之间的混合距离等。目前，工业应用中主要有三大类 SCR 脱硝 AIG。

1. 格栅型 AIG

如图 1-8 所示，大量氨气管交叉伸入烟道，每根管子上装有很多小喷嘴（以 1 台 1000MW 机组为例，喷嘴数超过 1000 个），喷嘴下游布置局部混合的静态混合器（也可不设置）。伸入烟道内部的每根氨气母管，在烟道外面设有手动调节阀，用于调节烟道截面不同区域的氨浓度分布差异。格栅型 AIG 具有混合距离短，对 AIG 上游烟气条件的变化适应能力低等特点。

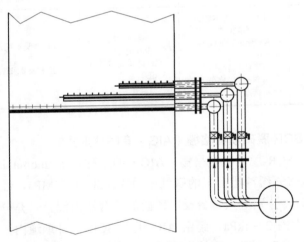

图 1-8　格栅型 AIG

2. 混合型 AIG

如图 1-9 所示，数量有限的氨气管均匀伸入烟道，每根管子上安装有 1 个或很少的几个较大的喷嘴（以 1 台 1000MW 机组为例，约需喷嘴数 100 个），每个喷嘴下游设置能够实现较大范围混合的静态混合器，每个喷嘴对应的烟道截面积较大，可使单个喷嘴下游烟道截面较大区域内的氨浓度均匀分布。调节每根氨气管道上的流量调节阀，可控制整个烟道截面上的氨分布。混合型 AIG 具有混合距离相对要长，但对 AIG 上游烟气条件的变化适应能力也较强等特点。

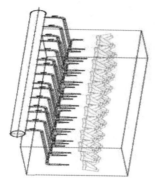

图1–9　混合型AIG

3. 涡流型 AIG

如图 1–10 所示，利用湍流发生器（三角翼型与圆盘型）使烟气在烟道截面上大范围混合，口径很大的氨喷嘴对着湍流发生器喷氨，有限几个喷嘴就能使整个烟道内的 NH_3/NO 摩尔比分布均匀（以 1 台 1000MW 机组为例，喷嘴数约仅需 10 个）。涡流发生器的驻涡不随机组负荷变化，具有较强的稳定性，但烟气混合距离较长，局部 NH_3/NO 摩尔比调节比较困难。

当前国内各大环保公司 SCR 脱硝技术原理相同，SCR 反应器均为高灰布置，主要技术差异就在于 AIG 设计。

（1）国电龙源在反应器入口烟道设涡流混合器，氨气喷嘴孔径较大数量很少，将氨气直接喷入混合器的涡流区，利用涡流扰动作用实现氨气均布。

图 1-10　涡流型 AIG

（2）华电科工采用可抽出式锯齿型 AIG，AIG 分上下两层错位布置，氨喷射管斜上方两侧交叉对称布置的喷嘴，喷射管下方带有锯齿形防磨板，氨气喷嘴数量较多，孔径较小，利用多层喷嘴的交叉对称喷射来实现氨气均布。

（3）大唐环境采用多喷嘴 AIG，喷管为光管式下带防磨瓦，喷头竖直向上。

（4）国电投远达的 AIG 也为光管式，上设均等喷孔，其改进技术为非等径喷孔以保证不同位置喷孔的喷氨量均匀。

（5）浙江天地环保也采用多管式 AIG。

相关研究表明，对均匀喷氨条件下的混合性能：混合型 AIG＞格栅型 AIG＞涡流型 AIG；对喷氨优化调节性能：格栅型 AIG＞混合型 AIG＞涡流型 AIG。总体而言，采用格栅型 AIG 的工程应用业绩较多，工程投资与后续运维相对更为有利，也有利于后续脱硝喷氨系统的优化调节。

10. SCR脱硝对尾部设备有哪些影响?

答：SCR脱硝装置作为锅炉的一部分，与锅炉构成一个完整的系统，它的运行将对空气预热器、引风机、除尘器等尾部设备产生一定的影响。

1. 对空气预热器的影响

锅炉增设脱硝装置后，烟气中的 SO_3 与脱硝尾部逃逸的 NH_3 易结合生成 NH_4HSO_4 凝结物，其凝结温度一般在150～220℃范围内，而这一温度段正好在常规空气预热器的中低温段，NH_4HSO_4 黏附在空气预热器传热元件的表面上，容易导致传热元件发生腐蚀、积灰，进而减少空气预热器内流通截面积，引起空气预热器阻力的增加，同时降低空气预热器传热元件的效率，因此SCR脱硝改造往往需要对空气预热器换热元件实施配套改造，以满足机组的可靠运行要求。项目单位在空气预热器招标时提供的烟气参数应与脱硝改造工程一致，并要求留取适当裕量，以便合理确定冷端镀搪瓷换热元件高度。此外还应重点关注搪瓷元件的质量，如基材、附着力、压紧力等参数，以及改造后转子重量增加，应对底梁、底部轴承等进行重新校核。

2. 对除尘器的影响

静电除尘器的除尘效率受烟尘的比电阻影响很大，SCR脱硝装置逃逸一定的氨气，有利于降低粉尘比电阻、提高飞灰的团聚效果，从这个角度来说SCR脱硝对提高电除尘的除尘效果具有一定的帮助。但如果脱硝氨逃逸无法得到有效控制，特别是在锅炉排烟温度较高，NH_4HSO_4 在空气预热器冷端沉积较少时，则有可能造成 NH_4HSO_4 在电除尘器极板极线或袋式除尘器滤袋上沉积，如图1-11所示，进而对除尘器造成不利影响。总体而言，为了避免 NH_4HSO_4 的不利影响，脱硝氨逃逸须严格进行控制，在SCR脱硝正常运行情况下对除尘器性能和运行影响

可以忽略不计。

图 1-11　NH_4HSO_4 在极线或滤袋上的粘附物

3. 对风机的影响

由于脱硝剂的喷入量对烟气量影响极微，因而 SCR 脱硝对引风机风量的影响可忽略不计。但配置 SCR 脱硝装置后，对引风机的压头影响较大，主要包括烟道阻力、反应器阻力和空气预热器阻力增加，随着运行时间的增加，催化剂与空气预热器的运行阻力有可能逐渐增加，一般常规"2+1"型催化剂布置型式的脱硝系统阻力增加宜按 1200Pa 考虑（含空气预热器阻力增加），根据阻力增加应重新核算现有引风机运行工况点，必要时实施引风机改造。在后续运行中应将氨的逃逸率控制在合理的范围（一般为 3μL/L 以下），以避免空气预热器阻力的快速、大幅增加。

4. 对湿法脱硫的影响

SCR 脱硝装置逃逸的氨气被灰尘吸附后，大部分在除尘器中被同步脱除，少量进入湿法脱硫系统并被脱硫浆液喷淋脱除，进入湿法脱硫系统的大部分氨溶解于循环浆液中，长时间运行后，吸收塔循环浆池内的氨含量会微量升高，这对废水系统存在轻微影响，在脱硫系统物料平衡计算时应当考虑。通常，增设 SCR 装置后，会导致脱硫系统废水量略有增加。

11. SCR 脱硝技术最高脱硝效率是多少?

答：理论上，SCR 脱硝效率主要受两个因素影响，即催化剂量与供氨量，当两者不受限制时，脱硝效率可无限趋近于 100%。但在实际工程应用中综合考虑氨逃逸、SO_2/SO_3 转化率、投资及运行成本等，催化剂量与供氨量不可能无限增大。此外，在实际工程应用中，SCR 脱硝入口流场难以做到完全均匀，当脱硝效率要求越高时，氨逃逸就越难以有效控制。当脱硝效率达到高效率区域时（85%以上），通过增加催化剂量对脱硝效率的影响逐渐减小，而入口流场均匀性的影响相对较大。行业内一般要求将 SCR 脱硝效率控制在 90%以下，超低排放要求出台后，针对个别典型项目，最高可达到 93%，但这往往是以牺牲催化剂耗量、空气预热器运行阻力等来实现长期运行的，且对机组的运行影响仍有待进一步检验。当前业内有人提出类似于湿法脱硫串塔的双 SCR 脱硝反应器串联技术，即通过将两个脱硝反应器串联布置，并分别设置独立喷氨系统，实现脱硝效率的提升，由于第二级反应器入口流场是重新组织的，因此此技术理论上是可行的，能够实现常规单级 SCR 脱硝效率的叠加；但由于空间布置、投资与运行经济性等问题，当前尚无实际应用。

12. 为什么流化床锅炉不适用 SCR 脱硝？

答：循环流化床锅炉本身就属于一种低 NO_x 型燃煤锅炉型式，通过采用床温控制、分段燃烧等控制措施，其 NO_x 浓度一般可控制在 $200mg/m^3$ 以内，且其独有的旋风分离器结构特别适用于 SNCR 脱硝技术，可为烟气与还原剂的充分混合提供前提条件，脱硝效率可达到 75%以上，因此能够直接实现 NO_x 超低排放。

SCR 烟气脱硝技术一般是在 300～420℃的烟气温度范围内喷入脱硝还原剂，在催化剂的作用下与烟气中的 NO_x 发生选择性催化还原反应生成 N_2 和 H_2O。但循环流化床锅炉由于其独特的燃烧方式与锅炉型式，在上述温度区间内的烟气中烟尘浓度非常高，极易导致 SCR 脱硝催化剂的磨损。另外，流化床锅炉通常采用炉内喷钙实现燃烧中脱硫，为实现高脱硫效率往往需要较高的钙硫比（一般控制钙硫比在 2.0～3.0 之间），过量的石灰石粉进入炉膛，使飞灰中的 CaO 与煤粉炉相比含量大幅升高，而 SCR 脱硝采用以 V_2O_5 为主要活性成分的催化剂，CaO 会与烟气中的 SO_3 反应生成 $CaSO_4$，吸附在催化剂表面，阻止反应物向催化剂表面扩散及进入催化剂内部，导致催化剂活性降低。

综合考虑上述原因，在循环流化床机组上一般不采用 SCR 技术。

13. W 火焰锅炉应用 SCR 技术能够实现 NO_x 超低排放吗？

答：现役 95%以上煤粉炉均选用 SCR 脱硝技术，脱硝效率一般在 70%～90%之间。当超低排放要求 NO_x 排放限值降为 50mg/m³后，常规煤粉炉 SCR 脱硝效率需提高到 85%～92.9%，多采用低氮燃烧深度改造加 SCR 提效方式提高脱硝效率。

W 炉多用于燃用低挥发分无烟煤，其设计理念就导致其 NO_x 生成量远高于其他类型锅炉，早期 W 炉 NO_x 生成浓度往往高达 1200mg/m³ 以上，实现 NO_x 超低排放需要高达 96%的脱硝效率，仅仅通过 SCR 脱硝是难以实现的。

但近年来，国内各大锅炉厂及环保公司在 W 炉低氮燃烧技术研发与应用方面开展了大量工作，形成了相应的专利技术（如东锅、哈锅、烟台龙源等），新投运 W 炉基本可以实现将 NO_x 浓度控制在 800mg/m³ 甚至 700mg/m³ 以下，且对锅炉可靠性、经济性影响较小，部分在役锅炉通过改造也达到了上述目标。此外通过掺烧烟煤也能够有效降低 W 炉 NO_x 的生成浓度。

经低氮燃烧改造或者掺烧烟煤等措施后，如能够将 SCR 入口 NO_x 浓度控制到 700mg/m³ 以内，则有望通过 SCR 脱硝提效实现 NO_x 超低排放。但需要说明的是，在当前技术条件下，在役 W 炉低氮燃烧改造效果和可靠性仍存在一定的不确定性，尤其早期生产的部分锅炉，炉膛空间有限，改造存在飞灰含碳量升高、锅炉效率明显降低、燃烧工况不稳定等风险；另外，高脱硝效率对 SCR 脱硝流场的均匀度要求很高，如流场组织不好，就可能导致超量喷氨，从而引起氨逃逸增加和空气预热器腐蚀、堵塞。因此在当前技术水平条件下，应谨慎采用单一 SCR 提效方式进行 W 炉 NO_x 超低排放改造，改造方案和可行性需"一炉一策"论证，必要时可通过增设 SNCR 脱硝作为辅助手段来实现 W 炉 NO_x 超低排放。

14. SCR 脱硝技术在燃煤锅炉和燃气锅炉上有哪些差异？

答：燃气机组 SCR 烟气脱硝与燃煤机组 SCR 烟气脱硝工艺原理相同，但由于燃气机组脱硝装置布置在余热锅炉上且其入口烟气中 NO_x 浓度低、粉尘含量少，故 SCR 烟气脱硝技术在燃气机组和燃煤机组上的应用又有些差异。

第一，喷氨混合装置型式有差异。目前国内外已经开发并应用于燃煤机组工程实际的喷氨混合装置大致可分为三大类：第一类是涡流混合装置，第二类是静态混合器，第三类是喷氨格栅。受阻力和空间限制，燃气机组主要应用第三类喷氨混合装置。

第二，催化剂型式有差异。催化剂主要可分为蜂窝式、平板式与波纹板式三种型式。催化剂的选型主要受入口烟气条件的限制，燃煤锅炉由于烟气含尘量较高，为防止催化剂堵塞、确保催化剂机械寿命，一般采用蜂窝式催化剂或平板式催化剂。而燃气机组由于烟气中含尘量极低，一般选用孔径相对较小、单位体积比表面积较高的波纹板式催化剂，或采用孔径小、高孔数的蜂窝式催化剂。

第三，催化剂布置有差异。由于燃气机组烟气中原始 NO_x 浓度较低，一般 SCR 脱硝反应器仅设置单层催化剂即可，而燃煤机组烟气中原始 NO_x 浓度相对较高，一般 SCR 脱硝反应器设有三层催化剂。

15. SCR 脱硝逃逸氨会造成大气污染吗?

答: 烟气脱硝装置的出口氨逃逸浓度通常控制在 3μL/L 以下，未反应的氨气主要与烟气中的 SO_3 及飞灰在低温下发生固化反应。如图 1-12 所示，根据国际上的运行经验: 约 20%的氨以硫酸盐形式粘附在空气预热器表面，约 80%的氨吸附在烟尘上被除尘器同步脱除，少于 2%的氨进入湿法脱硫溶液并被完全吸收，因此脱硝装置出口的少量氨逃逸不会对大气造成污染。当前有研究表明，氨气污染是造成大气雾霾的重要成因，但火电厂 SCR 脱硝氨逃逸不应作为氨气污染的主要来源。

此外，逃逸的氨固化在飞灰中的比例与飞灰的矿物组成有关，当灰中氨含量超过 80～100μg/g 时，会散发出氨的气味而影响销售。工程设计一般要求脱硝反应器出口氨逃逸浓度不大于 3μL/L，理论计算除尘器所收集的飞灰中氨含量一般小于 50μg/g，不会影响飞灰二次利用，但日常运行时考虑到氨逃逸对锅炉尾部受热面的不利影响，仍应尽可能控制氨逃逸浓度。

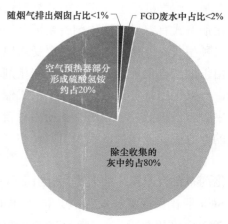

图 1-12　脱硝逃逸氨在尾部设备中的分布情况

16. SCR 技术与 SNCR 技术的差异有哪些?

答：就技术原理而言，SCR 烟气脱硝技术是指在 300～420℃的烟气温度范围内喷入 NH_3 作为还原剂，在催化剂的作用下与烟气中的 NO_x 发生选择性催化反应生成 N_2 和 H_2O；而 SNCR 烟气脱硝技术是指在不使用催化剂的条件下，在炉腔烟气温度 850～1150℃（流化床机组可略低）范围内的位置喷入氨基还原剂，利用炉内高温促使 NH_3 和 NO_x 反应生成 N_2 和 H_2O。

就技术特点而言，SCR 烟气脱硝技术具有脱硝效率高（可达 90%以上）、成熟可靠、经济合理、适应性强等优点，特别适合于煤质多变、机组负荷变动频繁以及对空气质量要求较敏感区域的燃煤机组上使用，但也存在初投资较高、占地面积较大等缺点。而 SNCR 烟气脱硝技术具有工艺简单、初投资低、占地面积小等优点；但也存在脱硝效率低（煤粉炉 40%以下）、还原剂利用率低（煤粉炉 40%以下），对温度场、混合均匀性、工况稳定性要求较高等缺点，一般较为适合排放要求不高的老小机组。但 SNCR 脱硝技术应用在循环流化床炉上，由于锅炉自身旋风分离器的结构，为烟气与还原剂的充分混合提供前提条件，脱硝效率相对较高，最高可达 80%，因此成为当前流化床锅炉脱硝的主流技术。此外，近年来随着燃煤机组超低排放工作的推进，NO_x 生成浓度极高的 W 火焰炉所需脱硝效率需要达到 94%以上，仅仅依靠 SCR 技术难以实现稳定可靠超低排放运行，SNCR 技术成为 W 炉 NO_x 超低排放的重要技术补充。

需要特别说明的是，就还原剂运行成本方面，SNCR 技术往往远高于 SCR 技术。这是因为在 SCR 烟气脱硝技术中，除少量氨逃逸外，在脱硝反应过程中，喷入的氨与 NO_x 是 1:1 反应；而在 SNCR 烟气脱硝技术中，由于大量副反应的发生（例

如 NH_3 被高温氧化为 N_2、N_2O 等），导致其还原剂过量消耗，特别是在大型煤粉炉上，往往为了达到 30%~40%的脱硝效率，而喷入 4 倍摩尔比以上的氨，从而导致还原剂的浪费以及运行成本的上升。因此在实际运行中，应尽可能降低炉内 NO_x 生成、提高 SCR（如有）脱硝效率、降低 SNCR 脱硝负担，从而尽可能减少还原剂消耗。

SCR 脱硝催化剂

17. 什么是 SCR 脱硝催化剂?

答:SCR 脱硝催化剂是在 SCR 系统中促使还原剂选择性地与烟气中的氮氧化物在一定温度下发生化学反应,提高反应速率的物质。由于催化剂直接决定了 SCR 脱硝系统的脱硝性能,因此 SCR 技术的关键就在于选择优良的催化剂。

对于以 NH_3 为还原剂的 SCR 反应,文献报道的催化剂约有上百种。按活性组分不同可分为金属氧化物、炭基催化剂、金属离子交换分子筛、贵重金属、钙钛矿复合氧化物等。按使用温度范围,催化剂可分为高温、中温和低温三类。高温作业温度高于 400℃;中温催化剂主要是金属氧化物催化剂,包括氧化钛基催化剂(300～400℃)及氧化铁基催化剂(380～430℃);低温催化剂主要为活性炭/焦催化剂(100～150℃)和贵金属催化剂(180～290℃)。

考虑到催化剂的成本、寿命、操作温度和抗中毒能力等因素,目前应用于燃煤电厂的 SCR 脱硝催化剂以金属氧化物催化剂为主,其中应用最广泛的是以 TiO_2 为载体,以 V_2O_5、WO_3、MoO_3 等为活性成分或助剂。目前市场上主流的钛基催化剂有蜂窝式、平板式和波纹板式三种,如图 2-1 所示。蜂窝式催化剂是整体挤压成型、端面呈蜂窝状、经焙烧而成的脱硝催化剂;平板式催化剂是以金属板网为基材,经压制、焙烧而成的脱硝催化剂;波纹板式催化剂说以陶瓷纤维等为基材,经浸渍、焙烧而成的脱硝催化剂。

 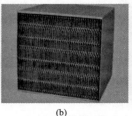 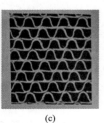

(a)   (b)   (c)

图 2-1　三种类型催化剂照片

（a）蜂窝式；（b）平板式；（c）波纹板式

18. 三种类型催化剂的适用范围分别是什么？

答：平板式催化剂由于采用金属板网作为基材，机械强度好；开口面积最大，有利于飞灰通过；金属板网在烟气冲刷条件下发生振动，具有"自清灰"能力，因此特别适用于燃煤高灰 SCR 脱硝场合。

蜂窝式催化剂由于活性成分均匀分布，即使发生磨损仍可保持较强的活性；开孔率低于平板式催化剂，在相同条件下需要的催化剂体积量一般较小，在高灰和低灰情况下均可应用。

波纹板式催化剂以波纹状纤维板为载体，在其表面涂有含活性组分的涂层，因此重量轻是波纹板式催化剂最大的优点，但在粉尘的冲刷下当表面活性物质磨损流失后，催化活性下降较快，使用寿命较短，所以波纹板式催化剂一般用于灰含量较低（一般要求小于 $15g/m^3$）的燃油和燃气机组上。

蜂窝式与平板式催化剂当前占据了绝大部分燃煤烟气脱硝工程应用，一般建议当烟尘浓度大于 $40g/m^3$ 时，蜂窝式催化剂孔数应不大于 18 孔，平板式催化剂板节距不小于 6.7mm；当烟尘浓度在 $20\sim40g/m^3$ 时，蜂窝式催化剂孔数应不大于 20 孔，平板式催化剂板节距不小于 6.0mm；当烟尘浓度小于 $20g/m^3$ 时，蜂窝式催化剂孔数应不大于 22 孔，平板式催化剂板节距不小于 5.6mm。对于燃气电厂脱硝装置，催化剂宜优先选择波纹板式催化剂或 22 孔以上的蜂窝式催化剂。

19. SCR 脱硝催化剂有哪些技术指标?

答：当前工业应用中，除化学成分外，SCR 脱硝催化剂主要有以下技术指标：

（1）节距：蜂窝式催化剂的蜂窝孔径与内壁厚度之和，平板式催化剂为催化剂单元内相邻两单板中心层之间的距离，以 mm 表示。

（2）几何比表面积：烟气流通通道的总表面积与催化剂体积的比值，以 m^2/m^3 表示。

（3）开孔率：烟气流通通道的总截面积与催化剂截面积的比值，以%表示。

（4）轴向抗压强度：常温下，当施加的压力方向与烟气流通通道的方向平行时，按规定条件加压，蜂窝式催化剂试样发生破坏前单位面积上所能承受的最大压力，以 MPa 表示。

（5）径向抗压强度：常温下，当施加的压力方向与烟气流通通道的方向垂直时，按规定条件加压，蜂窝式催化剂试样发生破坏前单位面积上所能承受的最大压力，以 MPa 表示。

（6）磨损强度：催化剂经磨损前后质量损失的百分比，与所消耗的磨损剂质量的比值，以%/kg 或 mg/100U 表示。

（7）粘附强度：当平板式催化剂受到弯曲压力或含尘气流冲刷时，由活性物质等组成的涂层附着于金属基材的能力。

（8）微观比表面积：单位质量催化剂的表面和内孔的总表面积，以 m^2/g 表示。

（9）孔容：单位质量催化剂的内孔的总容积，以 mL/g 表示。

（10）微孔孔径：催化剂的微孔宽度（如圆柱形孔的直径或狭缝孔相对壁间的距离），以 nm 表示。

（11）脱硝效率：烟气中脱除的 NO_x 量与原烟气中所含 NO_x 量的百分比。

（12）活性：催化剂在还原剂与氮氧化物发生化学反应过程中所起到的催化作用的能力，以 m/h 表示。

（13）SO_2/SO_3 转化率：烟气中的二氧化硫（SO_2）在催化反应过程中被氧化成三氧化硫（SO_3）的体积浓度百分比。

（14）氨逃逸：反应器出口烟气中氨的质量与烟气体积（标态、干基、6%O_2）之比，以 mg/m^3 表示。

20. 什么是 SCR 脱硝催化剂的活性？

答：根据 DL/T 1286—2013《火电厂烟气脱硝催化剂检测技术规范》的定义，SCR 脱硝催化剂的活性为"脱硝催化剂在氨基还原剂与氮氧化物反应的过程中所起到的催化作用的能力"，活性的计算式为：

$$K = 0.5 \times AV \times \ln \frac{MR}{(MR - \eta) \times (1 - \eta)} \qquad (2-1)$$

式中　K——催化剂单元体的活性，m/h；

　　　AV——面速度，m/h；

　　MR——氨氮摩尔比；

　　　η——催化剂的脱硝效率，%。

根据 GB/T 31584—2015《平板式烟气脱硝催化剂》与 GB/T 31587—2015《蜂窝式烟气脱硝催化剂》的定义，SCR 脱硝催化剂的活性即"脱硝催化剂在还原剂与氮氧化物反应的过程中所起到的催化作用的能力"，"当氨氮摩尔比等于 1 时"，活性的计算公式为：

$$K = -AV \times \ln(1 - \eta) \qquad (2-2)$$

式中　K——催化剂单元体的活性，m/h；

AV——面速度，m/h；

η——催化剂的脱硝效率，%。

式（2-2）与式（2-1）的差异在于其限定了前提条件为"氨氮摩尔比等于1"。但需要说明的是，上述定义与计算公式更大程度上是针对催化剂的性能表现所提出的，而并未指明脱硝催化剂活性的内在含义与影响因素。实际上，由于SCR脱硝反应是物质传递与化学反应的综合过程，脱硝催化剂的活性应是一个同时取决于催化剂物化特性与实际反应条件的综合指标，其中物理化学特性包括催化剂的化学成分、表观结构、微观结构等，实际反应条件包括烟气成分、温度、流速等。因此活性应是在特定工作条件下SCR脱硝催化剂综合性能的特征值。即当提到某一个催化剂产品的活性时，应指明是在多少体积量、温度、烟气量等条件下的催化剂活性。由于涉及面速度（烟气流量与催化剂单元体的总几何表面积之比），在实际工程应用中，往往体积量越大，则催化剂活性越低。

在实际工程应用中经常会涉及不同催化剂或同一催化剂不同时期活性的比较，此时须特别明确催化剂的工作条件，在此前提下的催化剂活性才具有可比性。特别是当涉及催化剂的寿命评估与预测时，须对特定工作条件下的一系列催化剂活性进行拟合分析，形成寿命管理曲线，才能够有效预测催化剂的剩余寿命。从催化剂活性的应用角度而言，其更多应用于研究机构、催化剂公司、第三方技术服务单位，而普通用户（发电企业）对其使用较少。

21. 何为催化剂的面速度、空速度和线速度？

答： 面速度是指烟气流量（标态湿烟气）与催化剂单元体的总几何表面积（催化剂单元体积与几何比表面积的乘积）之比，以 m/h 表示，表示的是单位面积催化剂处理烟气量的能力。蜂窝式催化剂的几何比表面积要高于平板式催化剂（一般 18 孔×18 孔蜂窝式催化剂的几何比表面积约为 410m²/m³，而节距为 7.0mm 平板式催化剂的几何比表面积约为 300m²/m³），因此在同一设计烟气条件下，平板式催化剂的用量要大于蜂窝式催化剂的用量。

空速度是指烟气流量（标态湿烟气）与催化剂单元体的总体积量之比，以 h⁻¹ 表示，表示的是单位体积催化剂处理烟气量的能力。空速度反应烟气在脱硝反应器中的停留时间，空速度大，烟气在反应器内的停留时间短，将导致 NO_x 与 NH_3 的反应不充分，NO_x 的转化率低，NH_3 逃逸量增大，同时烟气对催化剂本体的冲刷磨损也大。但若空速度过小，同一设计入口条件所需的 SCR 反应器的空间增大，催化剂和设备不能得到充分利用，也会导致经济性较差。

线速度则是指烟气流量与催化剂截面积之比，以 m/s 表示，烟气在进入催化剂孔道时，其流动状态是湍流，随着烟气沿着催化剂孔道继续流动，流动状态逐渐由湍流变为层流。一方面，催化剂的磨损程度与线速度关系非常密切，线速度越大，催化剂的磨损越严重；另一方面，考虑到烟气飞灰对催化剂的影响，线速度越低，烟气中的飞灰越容易积聚在催化剂孔道内从而造成催化剂的堵塞。因此综合考虑粉尘含量、反应器设计等，线速度应控制在一定的范围之内。

22. SCR 脱硝催化剂中主要化学成分及其作用是什么？

答：SCR 脱硝催化剂主要由活性成分、助催化剂和载体三个主要部分组成。活性成分能单独对化学反应起催化作用，缩短反应时间；助催化剂单独存在时并没有催化活性或活性很小，但少量加入之后，可以改变催化剂的化学组成和结构，从而能提高催化剂的活性、选择性、抗毒性、稳定性、机械性能或延长寿命等；载体的功能是承载活性成分和助催化剂，它的主要作用在于提供大的比表面积，提高活性成分和助催化剂的分散度，以节约活性成分，其次是抗热冲击和抗机械冲击等。

目前，商用 SCR 脱硝催化剂主要为钒钛系列，即以 TiO_2 为载体，V_2O_5 为活性成分，WO_3 和 MoO_3 为助催化剂。各成分的主要作用表现为：

（1）TiO_2：含量为 75%～90%。TiO_2 是两性氧化物，有三种结构型式：锐钛型矿、金红石矿和板钛矿型，其中锐钛型矿 TiO_2 具有良好的光催化活性，而锐钛矿型 TiO_2 在高温下会转化成金红石型 TiO_2，从而导致晶体粒径成倍增大，以及催化剂的微孔数量锐减，催化剂活性位数量锐减，引起催化剂的失活。

（2）V_2O_5：含量为 0.5%～3%。钒是催化剂最主要的活性组分，用于催化还原烟气中的 NO_x，将 NO_x 还原成 N_2，同时也能将 SO_2 氧化成 SO_3。需要说明的是，V_2O_5 含量越高，催化剂活性越强，其催化氧化 NO_x 的能力越强，同时对 SO_2 的氧化转化能力也越强，但过量负载将导致 V_2O_5 在催化剂表面聚集结晶，反而不利于其活性发挥。因此，TiO_2 载体上 V_2O_5 的担载量不能过大，存在一个合理的区间。工业应用中，一般根据设计烟气条件针对性地添加 V_2O_5，合理地平衡 NO_x 的催化还原活性与 SO_2 的氧化转化能力。

（3）WO_3/MoO_3：3%～10%。WO_3 和 MoO_3 是脱硝催化剂的常用助剂，在当前商业催化剂中，蜂窝式催化剂以添加 WO_3 为主，平板式催化剂以添加 MoO_3 为主，其主要作用是增加催化剂的活性和热稳定性。因为 V_2O_5/TiO_2（锐钛矿）本身就是一个很不稳定的系统，是一种亚稳定的 TiO_2 的同素异形体，它在任何温度和压力条件下都有形成热稳定形式金红石的趋势，这样会造成比表面积的丧失，WO_3 和 MoO_3 的加入能够阻碍这种变化的发生。另外，WO_3 和 MoO_3 的加入能和 SO_3 竞争 TiO_2 表面的碱性位并代替它，从而限制其硫酸盐化。此外，MoO_3 另外一个特殊的作用是可以有效延缓催化剂 As 中毒。

实际工程中，催化剂的结构和活性成分需要根据工程的实际情况具体分析选择，主要的影响因素有：锅炉的燃料种类、系统的脱硝效率、烟气运行温度、入口 NO_x 的浓度、入口烟尘浓度、入口 SO_2 浓度、入口 SO_3 浓度及出口 SO_3 浓度限制、出口氨逃逸浓度的要求等。需要说明的是，应谨慎添加其他结构助剂，以免对催化剂长期运行性能造成不利影响。例如某项目在催化剂生产过程中采用大量 Al_2O_3 替代价格昂贵的 TiO_2 载体，但实际工程应用中运行仅半年，检测发现 Al_2O_3 与烟气中的 SO_3 反应生成 $Al_2(SO_4)_3$，导致催化剂微观比表面积和孔容急剧下降，同时脱硝效率和活性的衰减幅度也较大。此外在当前工程应用中，部分催化剂生产厂家为降低成本，大量添加废弃催化剂制成的原材料，这虽然能够满足催化剂的化学成分要求，但由于晶体结构不满足要求、有毒成分带入等问题，将严重影响催化剂质量。

23. SCR 脱硝催化剂体积量受哪些因素影响？

答：催化剂体积量的确定是基于达到性能要求的基本体积量，再考虑燃料特性、SCR 运行工况、催化剂堵塞、磨损等裕量后的值。一般来说，需要考虑的因素如下：

（1）烟气流量直接决定脱硝量，与催化剂量直接呈比例关系。

（2）烟温直接决定催化剂的运行温度区间，进而决定催化剂的活性组分配方，从而间接影响催化剂体积量。

（3）NO_x 浓度同样直接决定脱硝量，与催化剂体积量直接呈比例关系。

（4）SO_2 浓度由于涉及 SO_3 转化以及与 NO_x 还原反应具有竞争吸附关系，因此 SO_2 浓度越高，将导致催化剂需求量越大。

（5）烟气中飞灰浓度，飞灰组成（SiO_2、Al_2O_3、CaO、As 等），飞灰性质（黏度、腐蚀性等）和粒径大小等，直接影响到催化剂的孔径、孔数和壁厚等几何特征及催化剂活性，需要在催化剂体积量核算时予以特别考虑。

（6）SCR 装置要求达到的性能指标，如脱硝效率、SO_2/SO_3 转化率、NH_3 逃逸率等，要求越严格，则催化剂用量越大。

（7）在相同进出口烟气参数条件下，SCR 入口流场分布指标越优，则催化剂用量越小，因此在工程应用中须特别注重控制流场条件，尤其是对于高脱硝效率项目。

（8）此外，对于高砷（钾、钠），高钙，高温或其他对性能指标（如 SO_2/SO_3 转化率、NH_3 逃逸浓度）有特殊要求的项目，应对项目总包方与催化剂厂家做出特别说明与要求，以便在催化剂体积量与配方方面进行特殊考虑。例如 CaO 对催化剂初始使用影响不大，但在活性寿命的中后期，会急剧加速失活，在催化剂设计中，飞灰中 CaO 大于 5%时，就认定为高钙项目，必须进行针对性设计。

24. 为什么 SCR 脱硝催化剂采用"N+1"模式布置？

答：脱硝催化剂在实际使用过程中，由于存在烟气中含有的粉尘造成催化剂的冲刷、磨损、堵塞，含有的碱金属、重金属成分导致催化剂活性组分的中毒等情况，催化剂的化学活性与物理性能会发生逐步衰减，到一定程度必须要进行更换或加装。一般而言，脱硝催化剂的化学寿命是指催化剂在脱硝装置内安装完成后，烟气首次通过催化剂开始，至催化剂不能满足性能指标要求，必须要进行更换/加装的时间。需特别注意的是，化学寿命是指脱硝反应器内的催化剂总体而非单层，一般在新建脱硝工程中，首次安装催化剂要求化学寿命不低于 3 年或 24 000h。脱硝催化剂的机械寿命是指催化剂的物理性能不足以支撑其发挥化学活性，必须要进行更换的时间，一般要求时间为 9 年或 10 年。

如图 2-2 所示，对于新装"N"层脱硝催化剂的脱硝装置，当催化剂的化学寿命到期时，已经不能满足脱硝性能要求，必须要进行相应处理。但此时催化剂的化学活性并非完全丧失，且物理性能仍能够满足运行要求，此时可通过加装"1"层催化剂来提升脱硝催化剂整体活性，继续满足脱硝运行要求，待"N+1"层催化剂化学寿命到期后，可通过再更换一层旧催化剂来提升脱硝催化剂整体活性，继续满足脱硝运行要求，如此循环，可实现对催化剂活性的充分利用，从而降低脱硝装置的运行成本。如直接安装"N+1"层催化剂，则多余的"1"层催化剂在脱硝反应器内同样接受烟气冲刷、磨损、毒化等，并不能达到分次加装的使用效果，不利于催化剂活性的充分利用。

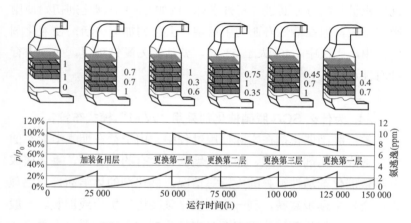

图 2-2 "N+1" 催化剂加装/更换示意图

25. 为什么限制 SCR 脱硝催化剂的最高连续运行烟温？

答：目前，广泛应用于脱硝工程的是以锐钛矿结构的 TiO_2 作载体，V_2O_5 作为主要活性物质的催化剂，该类催化剂的运行温度区间为 $300\sim420℃$。最高连续运行烟温是指在满足 NO_x 脱除率、氨逃逸浓度及 SO_2/SO_3 转化率的性能保证条件下，保证 SCR 系统具有正常运行能力的温度上限。与之对应的温度下限称之为最低连续运行烟温。在脱硝装置运行中，为了保证设备安全，必须避免脱硝催化剂运行烟温长时间高于最高连续运行烟温或者低于最低连续运行烟温。

纳米级的 TiO_2 锐钛矿结构从 450℃就开始出现相变，掺杂活性组分后的 TiO_2 从锐钛矿结构相变为金红石结构的温度还会进一步降低，导致脱硝催化剂更易烧结失活，因此当脱硝催化剂长时间在最高连续运行烟温及以上运行时，将造成脱硝催化剂失活，且这种失活是不可逆的，不能通过再生的方式使其恢复活性。在脱硝系统入口烟气温度大幅度升高以致接近催化剂最高连续运行烟温时，为避免催化剂发生烧结，应当立即调整锅炉运行工况以保护 SCR 催化剂。

26. 为什么 SCR 脱硝催化剂有最低连续运行烟温的限制？

答：理论上，钒钛催化剂的有效活性温度区间较宽，对于目前商用的 V_2O_5–WO_3/TiO_2 催化剂来说，在 150℃时就已经具备了较为明显的活性。但如图 2–3 所示，若省煤器出口烟气温度低于最低连续运行烟温，会导致 NH_4HSO_4 在催化剂微孔内的生成和沉积以致催化剂活性衰减，即催化剂 ABS（Ammonium bisulfate）现象。

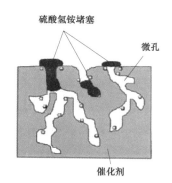

图 2–3　NH_4HSO_4 堵塞催化剂微孔示意图

NH_3 与 SO_3、H_2O 反应生成 $(NH_4)_2SO_4$ 或 NH_4HSO_4，$(NH_4)_2SO_4$ 易分解为 NH_4HSO_4。NH_4HSO_4 的熔点为 147℃，沸点为 491℃，具有很强的黏附性，易吸附烟气中的飞灰。NH_4HSO_4 的生成与烟气温度、NH_3 及 SO_3、H_2O 分压正相关。在催化剂微孔

中,由于毛细凝聚现象,导致 NH_4HSO_4 在更高的温度下发生凝结,一般此温度在 270～320℃ 之间,因此最低连续运行烟温主要取决于催化剂的微孔结构与烟气中的 SO_3 和 NH_3 浓度。相应地,一般催化剂设计最低连续烟温是根据设计指定的 SO_3 和 NH_3 浓度核算得出,而在实际运行中,则应根据实际浓度进行相应调整。

如图 2–4 所示,当催化剂长期运行于最低连续运行烟温时,一方面,催化剂本身活性在低温条件下有可能降低;另一方面,由于生成 ABS 堵塞催化剂微孔,也会导致催化剂活性降低。而在发电企业实际生产运行中,为了确保 NO_x 达标排放,必须要确保脱硝效率,此时往往只能通过加大喷氨量来维持脱硝效率。而加大喷氨量又会进一步促进 ABS 生成,造成活性降低、喷氨量增大。此外,加大喷氨量必然会导致氨逃逸增大,对下游设备也将会产生不利影响。

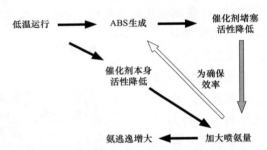

图 2–4　脱硝催化剂低温运行问题示意图

27. 什么叫 SCR 脱硝催化剂 MIT、MOT?

答:图 2–5 所示为某催化剂厂家提供的脱硝运行烟温计算图,其中上部曲线被定义为最低连续运行烟温,即 MOT,当脱硝催化剂在此温度以上运行时,不会发生 NH_4HSO_4 沉积现象。中间曲线被定义为最低可喷氨温度,即 MIT,当脱硝催化剂在此温度以上、MOT 以下运行时,NH_4HSO_4 缓慢、少量生成且可通过升温至 MOT 以上运行一段时间以恢复催化剂活性,因此在机组升降负荷时,可在此温度点开始或结束喷氨。下部曲线被定义为 ABS 析出温度，在此温度下 NH_4HSO_4 快速、大量生成且无法通过升温完全恢复催化剂活性。一般 ABS 温度与 MIT 大约相差 15℃，MIT 与 MOT 大约相差 20℃。

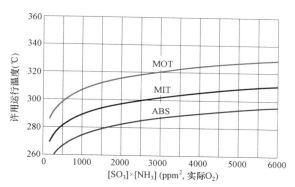

图 2-5　脱硝催化剂最低喷氨温度计算示意图

在实际脱硝运行中，若省煤器出口烟气温度低于 MOT 但高于 MIT，短时间投运可保证烟气达标排放，同时烟气中的 SO_3 与 NH_3 反应生成 NH_4HSO_4 并沉积在催化剂表面，可通过提高负荷运行使其分解，促使催化剂的活性恢复。但长期投运或在 ABS 温度下投运，一方面，会导致 NH_4HSO_4 沉积在催化剂表面从而使催化剂的微观结构和性能发生不可逆的变化；另一方面，氨逃逸增加，进入空气预热器后与烟气中的 SO_3 在合适温度下生成 NH_4HSO_4，会附着在空气预热器表面，从而引起空气预热器腐蚀和堵塞，严重的会影响机组出力，甚至造成机组停机。

28. 在温度窗口内 SCR 脱硝催化剂的活性受温度影响大吗？

答：如图 2-6（a）所示，在温度窗口内的低温区域，催化剂活性较为平稳，在高温区域活性下降将快。图 2-6（c）则是在高温区域活性较佳，低温区域较差。图 2-6（c）是在整个温度窗口内的活性均较为平稳。总体而言，对于特定的催化剂，其适应设计温度可以在一定程度上通过改变配方加以调整。

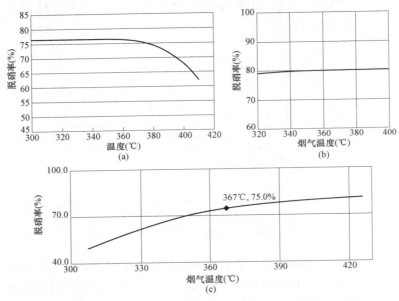

图 2-6　烟气温度与脱硝效率的关系（工程实例脱硝修正曲线）

29. SCR 脱硝催化剂为什么怕水？

答：当前商用的脱硝催化剂为多孔隙结构，新鲜催化剂如暴露在水环境下，会吸收大量水分，而催化剂的使用温度是 300～420℃，温度的骤升将导致催化剂表面开裂、变形，进而导致催化剂的破损，直接影响催化剂的使用寿命。同时，催化剂吸收大量水分之后，烟气中的飞灰更易沾附在催化剂表面，加剧 K、Na 等碱金属可溶解盐对催化剂的毒化，进而进一步加快催化剂的活性下降，导致催化剂的使用寿命缩短。因此在催化剂的运输、储存和使用过程中，要防止置于含湿量高的环境下，一般新鲜催化剂采用塑料隔水膜进行包裹、运输。

30. 为何要控制 SCR 脱硝催化剂的 SO_2/SO_3 转化率?

答: 烟气中的 SO_3 会与 SCR 脱硝过程中逃逸的氨气（NH_3）反应生成强黏性的 NH_4HSO_4，造成空气预热器堵塞，严重时将影响机组正常稳定运行。此外，还将造成烟气酸露点提高，容易导致设备腐蚀。

虽然部分 SO_3 气溶胶会在后续的除尘脱硫装备中被脱除，但仍有大量 SO_3 会随烟气排入大气，形成蓝烟/黄烟等视觉污染；以硫酸气溶胶为凝结中心的细微颗粒物更会形成雾霾造成环境污染；且硫酸气溶胶与烟气和大气中的金属微粒相结合，形成可吸入物，对人体的毒害非常强。

燃煤电厂排放的 SO_3 主要来源于两方面：一方面，是燃煤过程中约 0.5%～1.5%的硫分会被氧化成 SO_3，其生成量与电厂燃煤煤质（硫分、挥发分等）及锅炉炉型、燃烧工况等因素直接相关；另一方面，是在 SCR 脱硝过程中，一部分 SO_2 转化为 SO_3，这是当前工业应用的钒系催化剂的固有属性。一般而言，在催化剂作用下会将烟气中 1%左右的 SO_2 会转化为 SO_3。燃煤过程中的 SO_3 生成状况较为复杂，控制难度较大，因此目前工程应用中对脱硝催化剂部分的 SO_2/SO_3 转化率必须进行严格控制。

31. 如何控制 SO_2/SO_3 转化率?

答: SO_2/SO_3 转化是当前商用钒系催化剂的固有特性，且由于 SO_2 与 NH_3 在催化剂表面存在竞争吸附，其与脱硝反应是互相抑制的关系。从目前实际应用情况来看，通过调整配方与生产工艺能够对催化剂 SO_2/SO_3 转化率进行一定程度的控制。

从配方上来说，一般随着 V_2O_5 含量的增加，V_2O_5 先后以单体钒氧物种、高聚合度钒氧物种和 V_2O_5 晶体的形式存在，聚合程度越高则氧化性越强，SO_2/SO_3 转化率越大，且 SO_2/SO_3 转化率的增速大于 NO_x 转化率，因此在催化剂配方设计中可适当降低

V_2O_5 含量。虽然针对特定脱硝效率，这也会导致催化剂体积量的增加，但仍能够有效降低 SO_2/SO_3 转化率，此外还可通过添加一些抑制 SO_2 氧化的助剂来控制 SO_2/SO_3 转化率。

从生产工艺角度来说，如图 2-7 所示，SO_2 氧化反应较慢，其过程由化学动力学控制，因此反应是在整个催化剂孔壁范围内进行；而脱硝反应迅速，其过程受外扩散控制，更多是在催化剂表面 0.1mm 的孔壁范围内进行；因此通过降低催化剂壁厚，也能够有效降低 SO_2/SO_3 转化率。但降低壁厚容易导致催化剂机械性能的降低，如何控制两者关系需要在生产工艺中进行严格把控。

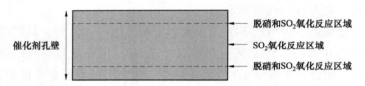

图 2-7　脱硝和 SO_2 氧化在催化剂孔壁上的区域示意图

需要说明的是，控制 SO_2/SO_3 转化率的目的是尽量避免 SO_3 的危害，因此在实际应用中可根据 SO_2 浓度与 SO_3 浓度针对性的控制催化剂转化率指标，即针对燃用不同硫分的煤质可进行阶梯化要求，高硫煤可适当收紧，低硫煤可适当放宽。从催化剂本身特性角度来说，入口 SO_2 浓度越高，其转化率也会越低。最新发布的《火电厂污染防治可行技术指南》（HJ 2301—2017）中推荐，当硫分低于 1.5%时，SO_2/SO_3 转化率宜低于 1.0%；当硫分高于 1.5%时，SO_2/SO_3 转化率宜低于 0.75%。

此外，大量在役催化剂的检测结果显示，通常随着运行时间的延长及活性的降低，催化剂的 SO_2/SO_3 转化率也会逐渐降低，但也有个别项目出现升高现象，究其原因有可能是由于烟气中能够促进 SO_2 氧化的成分（如 Fe_2O_3、碱金属）沉积在催化剂表面所致。

第三章

SCR 烟气脱硝工程建设

32. SCR 脱硝改造工程是否有必要进行摸底试验?

答: 由于前期脱硝改造市场鱼龙混杂,煤炭市场波动较大等因素影响,燃煤电厂 SCR 脱硝装置实际运行条件与原始设计条件存在一定偏差;随着燃煤电厂氮氧化物环保排放要求进一步提升,需对现役机组 SCR 脱硝装置进行超低排放改造,因此很有必要先对现役机组的 SCR 脱硝装置运行现状进行摸底试验。摸底试验内容主要包括:烟气流量、烟气温度、阻力、出入口 NO_x 浓度场分布、氨逃逸浓度、SO_2/SO_3 转化率测试等,同时应对催化剂进行性能检测。

SCR 脱硝改造工程进行摸底试验可以直观地反映现有设备的运行情况,对拟进行的工程改造项目的边界条件确定及相应设备选型等有着重要的指导意义。烟气流量、温度、入口压力、NO_x 浓度分布的测试主要为下一步的改造工程提供烟气参数的边界条件,例如入口 NO_x 浓度的分布,直接关系脱硝流场的设计。当前装置的脱硝阻力、脱硝效率、氨逃逸浓度和 SO_2/SO_3 转化率等参数,直接反映目前脱硝装置的实际运行状况,结合催化剂性能检测结果,可以间接地判断现有催化剂的运行状况,从而确定后续改造方案(加装或更换)。

需要注意的是,摸底试验目的是为了弄清当前机组 SCR 脱硝装置实际运行现状,而不是进行性能验收试验,因而试验工况条件如脱硝装置入口 NO_x 浓度,宜以实际运行参数为准。

33. SCR 脱硝入口与低氮燃烧出口 NO$_x$ 的边界条件应如何考虑？

答：根据《火电厂氮氧化物防治技术政策》（环发〔2010〕10号），低氮燃烧技术应作为燃煤电厂氮氧化物控制的首选技术。考虑到烟气脱硝装置的建设投资及运行成本，脱硝技术路线应首先采取炉内低氮燃烧技术最大限度地控制源头 NO$_x$ 生成，再考虑采用烟气脱硝设施。但过低的低氮燃烧 NO$_x$ 性能要求，可能会对锅炉安全、稳定、高效运行产生不利影响。在工程应用中应根据锅炉燃煤特性、燃烧方式、NO$_x$ 控制指标等，通过技术经济比较，确定合适的低氮燃烧 NO$_x$ 控制目标，在锅炉性能、NO$_x$ 控制指标、烟气脱硝效率上取得平衡，优化设计低氮燃烧系统。在设定 SCR 脱硝入口 NO$_x$ 的边界条件时，应根据实测值并结合机组低氮燃烧运行情况综合考虑，对于仍需进一步低氮燃烧改造的，应在低氮燃烧性能保证值的基础上留取适当裕量，一般推荐为 50mg/m^3 或 100mg/m^3（标态、干基、6% O$_2$）；对于低氮装置运行效果良好无需再次改造的，也应在当前排放浓度的基础上留取适当裕量，以保证后续 SCR 脱硝装置的稳定达标运行。

此外，部分项目存在低负荷 NO$_x$ 浓度高于满负荷运行工况的情况，从设计角度分析，由于低负荷烟气量减小，烟气停留时间加长，更有利于脱硝反应的进行，因此如 NO$_x$ 浓度变化不大，则仍应以满负荷运行工况 NO$_x$ 浓度作为设计参考值。例如某实际工程按满负荷 SCR 脱硝入口 NO$_x$ 浓度 450mg/m^3、出口 200mg/m^3 进行设计，能够实现低负荷脱硝入口 NO$_x$ 浓度 650mg/m^3、出口 200mg/m^3 稳定运行。

34. SCR 脱硝工程有哪些主要性能指标？该如何确定？

答：SCR 脱硝工程性能指标主要包括脱硝效率、脱硝装置出口 NO$_x$ 浓度、氨逃逸浓度、SO$_2$/SO$_3$ 转化率、脱硝系统压力损失、脱硝系统温降、脱硝装置可用率、锅炉效率影响值、还原剂耗量、脱硝系统电耗、汽耗、水耗以及催化剂寿命等。除脱硝装置出口 NO_x 浓度需根据排放标准确定外，上述性能指标的确定应根据电厂近年来煤质监测统计资料、原锅炉/脱硝设计参数、摸底评估试验以及前期进行的脱硝性能试验数据（如有）来综合判断确定，重要设计参数的选取原则如下：

（1）脱硝效率：如问题 33 所述，脱硝装置入口 NO_x 浓度应结合锅炉低氮燃烧性能保证值与实际运行情况确定；由于入口已预留一定裕量，脱硝装置出口 NO_x 浓度一般选为排放标准限值，根据确定的进出口 NO_x 浓度即可得出脱硝效率要求。

（2）SO_2/SO_3 转化率：对于新建 SCR 脱硝装置，最新发布的《火电厂污染防治可行技术指南》（HJ 2301—2017）中推荐当硫分低于 1.5%时，SO_2/SO_3 转化率宜低于 1.0%；当硫分高于 1.5%时，SO_2/SO_3 转化率宜低于 0.75%。对于 SCR 脱硝提效改造或催化剂寿命到期后的加装/更换，建议严格控制单层新增/更换催化剂所增加的 SO_2/SO_3 转化率，应小于 0.35%。

（3）NH_3 逃逸浓度：根据《火电厂烟气脱硝工程技术规范　选择性催化还原法》（HJ 562—2010）的规定，NH_3 逃逸浓度宜小于 2.5mg/m^3；根据《火电厂烟气脱硝技术导则》（DL/T 296—2011）的规定，NH_3 逃逸浓度宜不大于 2.3mg/m^3；当前工程应用中，一般要求 NH_3 逃逸浓度宜不大于 2.28mg/m^3。

（4）最低连续运行烟温（MOT）：对于新增脱硝装置，应根据机组低负荷烟气参数（SO_3 浓度与入口 NH_3 浓度）确定 MOT；对于脱硝提效改造，由于入口 NH_3 浓度会发生变化，相应需进行重新核算确定改造后脱硝系统 MOT。

（5）脱硝系统压降：对于新增脱硝装置，根据《火电厂烟气脱硝工程技术规范　选择性催化还原法》（HJ 562—2010）与《火电厂烟气脱硝技术导则》（DL/T 296—2011）的规定，SCR 脱硝装置最大压降不宜超过 1400Pa。在当前实际工程应用中，一般要求附加催化剂层未投运时，从脱硝系统入口到出口之间的压力损失不大于 800Pa（两层催化剂），附加催化剂层投运时则不大于 1000Pa。对于现有 SCR 脱硝装置提效改造项目，如需新增催化剂层，则按每层催化剂新增 200Pa 考虑，如不涉及新增催化剂层，则一般要求改造后不大于改造前压降值。

（6）催化剂寿命：对于新增脱硝装置，当前工程应用中一般要求催化剂机械寿命不小于 9 年；催化剂化学寿命不小于 3 年或 24 000h，对于高钙（＞20%）、高砷（＞10μg/g）等特殊项目，催化剂化学寿命可按不小于 2 年（16 000h）考虑。对于现有 SCR 脱硝装置提效改造项目，则应根据当前催化剂性能现状与提效性能指标要求，综合考虑本次提效催化剂寿命与后期催化剂轮换因素，核算最经济的催化剂加装/更换方案。此外需要说明的是，当前工程应用中所提及的催化剂寿命，一般是指从催化剂安装投运开始计算的自然时间。

35. SCR 脱硝流场问题应如何解决和控制？

答：流场问题是整个脱硝装置建设与运维的核心问题，其中温度场、浓度场和速度场是三个关键的表征参数。脱硝装置入口温度场分布一般较为均匀，其对脱硝系统影响相对较小。脱硝装置入口速度场分布对脱硝催化剂性能影响相对较小，但对脱硝反应器内的积灰、堵塞、磨损往往影响较大。当前不少机组都存在着脱硝装置入口 NO_x 浓度分布不均的情况，这样有可能导致反应器内局部氨氮摩尔比过高或反应不完全进而造成氨逃逸超标，对空气预热器等下游设备造成损害。

对于脱硝装置的设计，采取适当措施保证脱硝反应器中催化剂入口截面烟气速度和反应物分布的均匀性极为重要，当前 SCR 脱硝实际运行中遇到的脱硝效率未达到设计值、氨逃逸浓度超性能保证值以及催化剂积灰与磨损等问题往往是由于流场分布不均所导致，而流场数值流场模拟与物理模型试验研究是在设计阶段解决此问题的有效手段。对于未预留脱硝空间的改造项目，由于受空间限制，从省煤器出口至 SCR 反应器入口的这段烟道布置一般比较紧凑，烟道截面变化大、急转弯多，更有必要进行相应流场模拟以确保流场的均匀性。

脱硝系统数值模拟和物理模型试验范围应涵盖从锅炉省煤器出口到锅炉空气预热器入口的全部烟气系统，包含烟气系统内的导流板，喷氨装置，反应器进、出口烟道，反应器等。物理模型比例宜在 1:10～1:15 之间选择。试验内容应包括 SCR 反应器流场分布试验、SCR 反应器 NH_3/NO_x 混合试验、SCR 系统压力损失试验、SCR 反应器内积灰试验等。常规催化剂层入口烟气流场条件如表 3-1 所示，如果要求脱硝效率达到 85%以上，应对入口烟气流场条件提出特别要求。

表 3-1　　　　　　　常规催化剂层入口烟气流场条件

项　　目	单位	数值
烟气流速偏差（均方根偏差率）	%	≤±10
烟气温度偏差	℃	≤±10
$n(NH_3)/n(NO_x)$ 摩尔比偏差	%	≤5
烟气入射催化剂角度	(°)	≤±10
反应器内烟气速度	m/s	4～6

此外，在实际运行中，由于锅炉燃烧状况的变化、脱硝装置内部流场部件或喷氨调门的调节性能发生改变，也会导致流场问题的出现，因此应当定期开展喷氨优化调整试验或流场优化试验，以确保 SCR 反应器内流场稳定；同时也应当注意加强对供氨调节阀、喷氨喷嘴等脱硝设备检修力度，以便脱硝装置仍能长期高效、

稳定、安全运行。

36．SCR 数值模拟与物理模型试验的原理是什么？

答：SCR 烟气脱硝过程涉及烟气和还原剂氨在烟道内的湍流流动、传热传质和化学反应过程。结合火电厂工程实际运行条件及系统烟道特点，在对 SCR 系统进行数值模拟之前一般作如下简化假设：

（1）烟气各组分和还原剂氨为理想气体；

（2）NH_3 和 NO_x 反应放热，但由于烟气中 NO_x 浓度较低，反应产热量少兼之烟道对大气环境有少量放热，故系统视作绝热；

（3）烟气中飞灰对流场速度分布和浓度分布影响小，故不考虑灰分的影响；

（4）省煤器出口至喷氨装置距离较长，其流场对喷氨装置前速度分布影响有限，故忽略省煤器出口的速度场不均匀性；

（5）由于 SCR 系统烟气温度在 400℃以下，在催化剂上游烟道中，烟气中各组分发生反应的量极少，故可不考虑其流动过程中发生的化学反应；

（6）考虑到锅炉烟道及两个 SCR 反应器具有对称性，数值模拟只模拟单侧反应器；

（7）忽略一些反应器内对流场影响较小的内部构造（加强筋等）。

从上述假设中可以看出，数值模拟结果仅能从理论上尽可能优化流场设计，其实际效果需要物理模型试验进一步验证，而以相似理论为基础的物理模型试验是研究流体动力问题中广泛采用的有效方法。

由于流体的黏性作用，流体流动过程中具有稳定性和自模化的特征。稳定性指黏性流体流动时，流速分布仅决定于雷诺数而不受模型入口条件的影响，即不管流体在入口的速度分布差异多大，在流入一段距离后，流速就按一定的分布稳定下来。自模性是指在一定条件下流速分布自行相似的特征，其存在于两个流动状态区域。第一自模化区为雷诺数小于一定值的层流区。雷诺数增大，流体由层流状态过渡到紊流状态。当雷诺数增大到某一数值后，流体的流速分布不再变化，而且各截面上彼此相似，即流体进入第二自模化区。故当模型与实物雷诺数处于同一自模化区，流速分布会自行相似，从而能够实现流体的运动相似。对于进入自模化区的临界雷诺数，只能通过试验进行判断。把欧拉准则和雷诺准则无关作为进入第二自模化区的标志，从而确定雷诺数临界值 Re_{lj}。由于黏性流体的上述流动特征，SCR 系统冷态物理模型试验条件只需满足以下两点：

（1）模型与实物几何相似；

（2）烟道流动 $Re > 10^5$。

从上述原理可见，在 SCR 数值模拟与物理模型试验过程中，实际上做了较多理想化的假设，而在实际运行中的一些工况实时变化在模拟试验中是难以被全部考虑周全的，尤其是 SCR 脱硝入口的流场分布，在实际运行中是不均匀且实时变化的，因此有必要在 SCR 脱硝工程投运后对流场进行进一步检测，根据检测结果进行调整与优化。

37. SCR 脱硝催化剂选型有哪些注意事项？

答：催化剂是整个 SCR 脱硝系统的核心和关键，其成分组成、结构、寿命及相关性能参数直接影响到 SCR 脱硝系统脱硝效率以及运行状况。催化剂的选型应综合考虑燃煤特性、烟气条件、组分及性能目标来确定，同时应根据烟气特性、飞灰特性、灰分含量、反应器型式、脱硝效率、氨逃逸浓度、SO_2/SO_3 转化率、压降以及使用寿命等条件综合考虑。此外，也不能忽视灰颗粒粒径、灰分中的碱金属、CaO、As 等易中毒物质对催化剂的影响。

目前商用的脱硝催化剂类型有平板式催化剂、蜂窝式催化剂和波纹板式催化剂三种类型。其中波纹板式催化剂由于开发时间较晚，再加上自身结构和制备工艺的局限性，一般适用于粉尘含量较低的场合（不大于 15g/m³），在燃煤机组上的应用相对较少。对于常规 SCR 烟气脱硝工程，平板式催化剂与蜂窝式催化剂均是可行的，因此在反应器截面、高度与催化剂支撑梁的设计中应按蜂窝/平板式催化剂通用进行设计，应充分考虑不同型式催化剂的重量、高度对 SCR 反应器及钢结构的影响，以满足后续对催化剂型式进行更换的需求。

通过分析已投运脱硝机组催化剂的运行状况可见，机械强度已成为影响脱硝系统安全稳定运行及制约后续催化剂再生能力的关键因素。催化剂的机械强度主要由催化剂的结构特点（如壁厚），催化剂的添加材料以及运行中的烟气条件（如流场、飞灰浓度、颗粒大小）等决定。对于燃煤烟气高灰项目，建议在防止催化剂磨损方面进行特殊考虑。

对于平板式催化剂，在相同条件下流通面积较大，本身在烟气气流冲刷下板面抖动具有"自清灰"的效果，且在端部被磨损后，其不锈钢基材暴露在迎灰面，可阻止烟气的进一步磨损，因此一般来说其防磨性能相对较好。

除了迎灰面的磨损外，催化剂的内壁面也会发生一定程度的磨损。虽然内壁面的磨损一般不会造成催化整体结构的破损，但是会导致活性降低。与表面涂层的催化剂结构相比，在高灰条件下、催化剂内壁表面的活性成分被磨损后，均质的催化剂结构更有利于防止催化剂活性发生大幅度降低。对于蜂窝式催化剂，通过适当增大孔数，也可提高流通面积，应用于高灰项目时，催化剂通道流速应控制在 6～7m/s，还可适当延长蜂窝催化剂前端硬化长度（不小于 20mm），以抵御迎灰面的磨损。需要指出的是，在高尘运行条件下，如果催化剂内壁过薄，即使采用顶端硬化，催化剂的内部孔通道仍存在由于过度磨损而断裂的风险。虽然壁厚的增加会带来初投资增加、反应器烟气阻力增加、SO_2/SO_3 转化率增加等一系列问题，但也可以在很大程度上增加催化剂的机械寿命与再生能力，因此在设计壁厚时应进行综合考虑。此外，项目单位在催化剂招标与设计过程中应对催化剂再生能力提出明确要求。

38. 吹灰器选型有哪些注意事项？

答： 我国燃煤机组燃用煤种多变且灰分较大，而且脱硝装置几乎全部为高尘布置的无旁路系统，因此在脱硝装置设计阶段除去通过流场设计尽量实现流场均匀外，还需考虑合适的脱硝吹灰器以尽量减小飞灰对催化剂的堵塞与磨损。SCR 脱硝工程高尘布置中常用的吹灰器有声波吹灰器和耙式蒸汽吹灰器两种。

声波吹灰器是利用声波发生装置将一定压力（0.6～0.8MPa）的压缩空气携带的能量转化为高声强声波，声波对积灰产生高加速度剥离作用和振动疲劳破碎作用，使积灰产生松动而脱离催化剂表面，再在烟气的冲刷力及灰粒本身的重量作用下被烟气带走。在声波的高能量作用下，粉尘不能在热交换表面积聚，可有效阻止积灰的生长，在工程实践中是用一个或几个发生器每隔一段时间运行一次来达到吹灰目的。在恶劣的工况下需频密地发声，而在积灰不严重的场合可适当延长停止段的时间。声波吹灰器在灰分较低的烟气条件下，可有效防止烟气在催化剂表面的积灰；但由于其吹灰力度较小，对于大量积灰的清除效果不佳。

耙式蒸汽吹灰器是一种适用于 SCR 催化剂的强力半伸缩式吹灰设备，过热蒸汽自喷射孔沿烟气流动的方向吹扫催化剂表面堆积的积灰，吹灰器移动一个行程后蒸汽吹扫就覆盖了反应器内的整个催化剂表面。耙式蒸汽吹灰器吹灰能力较强，对于催化剂表面已形成的积灰清除效果良好，但控制不当也会导致催化剂吹损，烟气湿度加大，易结成黏性积灰。此外，蒸汽吹灰对于不同类型催化剂的吹灰效果略有差别。板式催化剂的一个模块中一般布置两层催化剂元件，两层催化剂元件的单板交叉布置。在高灰的烟气条件下，两层催化剂元件的间隙会在一定程度上改变烟气在催化剂内的流场，造成局部的堵灰问题。因此一般要求催化剂元件间隙大于 3 倍的催化剂孔间隙，避免此处形成涡流。此间隙对于耙式蒸汽吹灰器的效果有减弱的作用，而对声波吹灰器则几乎没有影响。因此在使用板式催化剂时，与声波吹灰器相比，耙式蒸汽吹灰器在吹灰强度上的优势不如在蜂窝式催化剂明显，这点在吹灰方式的选取过程中要加以考虑。

建议在吹灰器选型时除考虑飞灰浓度外，还需考虑飞灰沾污特性与磨损特性。当入口烟尘浓度大于 $40g/m^3$ 且飞灰特性属于严重磨损或严重沾污时，宜考虑采用声波/蒸汽联用方案，以实现在运行中以声波为主、蒸汽为辅的运行方式。

39. 是否需要设置反应器入口灰斗？

答：在 SCR 脱硝工程建设中，为了降低工程造价、简化系统或受空间限制，经常取消设置 SCR 反应器入口灰斗。但从已投运脱硝机组运行情况来看，造成催化剂堵塞一部分原因的正是可以通过设置反应器入口灰斗除去的大颗粒飞灰。建议对未设置省煤器灰斗且飞灰浓度较高、大颗粒飞灰较多或存在"爆米花"飞灰的项目，应设置反应器入口灰斗以保护催化剂、提高系统运行的可靠性、减少烟道内的磨损和降低运行维护成本，必要时还可在灰斗上方设置大灰滤网以拦截大颗粒飞灰。

40. 是否需要设置混合器？

答：在喷氨格栅下游，仅依靠烟气自身的扩散，将需要较长的距离才能使烟气中的 NO_x/NH_3 分布混合均匀。为了加强烟气的对流扩散混合效果、缩短混合距离，可在喷氨格栅下游布置不同形式的混合器。脱硝催化剂的混合器类型有静态混合器（见图 3–1）、涡流混合器（见图 3–2 和图 3–3）、三角翼混合器等。在前期脱硝改造中，由于脱硝效率要求较低，采用格栅型 AIG 形式一般即可满足催化剂入口流场要求，但在超低排放要求下，由于脱硝效率往往要求达到 85% 以上，对烟气流场提出了更高的要求，对于特定项目应考虑通过设置混合器以提高烟气流场均匀性，从而满足 SCR 高效稳定运行的要求。

图 3–1　静态混合器　　　　　图 3–2　涡流混合器 I 型

图 3–3　涡流混合器 II 型

41. 超低排放对 SCR 脱硝有哪些要求与影响？

答：GB 13223—2011《火电厂大气污染物排放标准》要求非

重点地区采用 W 型火焰炉膛的火力发电锅炉、现有循环流化床火力发电锅炉，以及 2003 年 12 月 31 日前建成投产或通过建设项目环境影响报告书审批的火力发电锅炉执行 NO_x 浓度 200mg/m³（标态、干基、6O₂%）排放限值，其余机组执行 100mg/m³（标态、干基、6O₂%）排放限值。但超低排放要求将 NO_x 排放指标降低至 50mg/m³（标态、干基、6O₂%）以下，这对现役燃煤机组的环保达标排放提出了更高的要求，相应的脱硝效率、流场均布、氨逃逸和 SO_2/SO_3 转化率控制以及整个脱硝装置的整体性能都将面临更大的挑战。

如不考虑前端低氮燃烧、SNCR 等改造，则对于现有 SCR 脱硝装置，出口 NO_x 排放限值降低直接对应脱硝效率要求大幅提高，如常见的入口 NO_x 浓度为 400mg/m³，则脱硝效率将从 75%提高至 87.5%。为实现提效目的，必须增加催化剂量，由此将带来 SO_2/SO_3 转化率控制难度较大的问题，虽然通过催化剂的选型、配方调整能够对 SO_2/SO_3 转化率进行一定程度的控制，但总体而言，提效对应的催化剂量增大将会导致 SO_2/SO_3 转化率的增大，进而导致 SO_3 排放浓度的增加。更为重要的是，脱硝效率的提升对流场均匀度的要求将大幅提高，换言之高脱硝效率要求下氨逃逸浓度控制难度将大大增加。如图 3–4 所示，在脱硝效率较低时，入口流场均匀程度对 NH_3 逃逸浓度的影响曲线较为平缓，此条件下即使流场均匀性有所偏差，也可通过催化剂活性进行弥补；但随着脱硝效率的提高，入口流场均匀程度的偏差将导致 NH_3 逃逸浓度显著增加。

因此，超低排放对于现有 SCR 脱硝提效工程的要求，不仅是催化剂量的增加，更大程度上是对流场的重新校核与优化，而对于 SCR 脱硝运行，对于氨逃逸的控制必须更为重视，运维人员必须严格将 SCR 脱硝装置控制在高效、稳定、可靠运行水平上。

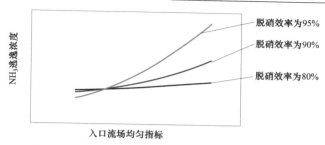

图 3-4　不同脱硝效率要求下入口流场均匀指标对 NH_3 逃逸浓度影响

42. SCR 脱硝超低排放提效改造包括哪些内容？

答：针对超低排放改造要求，需对现役脱硝系统进行提效改造，需要进行改造的主要系统有：

1. 还原剂储存与制备系统

考虑到脱硝装置超低排放改造边界条件会发生变化，应根据改造后实际要求对原还原剂储存与制备系统进行重新核算，并根据原氨区实际布置场地和设备投资经济性比较，相应进行设备增容或更换改造。

2. 氨喷射系统

由于还原剂耗量发生变化，也需对稀释风机和氨气空气混合器进行重新核算，然后进行相应的增容或更换设备。此外鉴于超低排放对于流场的要求进一步提高，应通过脱硝装置摸底评估试验数据，对反应器内流场进行重新校核与优化，对氨喷射系统各设备进行优化改造。

3. 催化剂系统

在催化剂实际改造过程中，除了需要根据改造后的设计参数和性能要求重新核算外，还要结合原机组采用的催化剂型式与用量综合考虑，争取做到既切实可行又经济实用，最大程度利用原有催化剂活性，同时要求改造后整体催化剂性能仍能满足系统要求。

4. 反应器本体

国内 SCR 脱硝装置一般都是采用"2+1"设计运行模式，对于机组初装两层、预留备用层催化剂的脱硝系统，超低排放改造后一般反应器本体可保持不变，但仍需根据催化剂实际用量核算原催化剂层及反应器空间是否满足要求；对于机组初装三层催化剂，未预留备用层催化剂的脱硝系统，超低排放改造后应优先在不动反应器本体的前提下考虑催化剂层高调整、催化剂换型或SNCR+SCR 烟气脱硝技术。如果仍不能满足改造要求，则需进一步考虑反应器扩容、催化剂层数增加等改造措施，并对上述各种改造方案进行方案可行性和经济性论证来最终确定最优改造方案。

5. 辅助系统

SCR 脱硝装置超低排放改造对土建与结构最大的影响是催化剂新增用量的增加引起的荷载增加，一般原脱硝系统在工程设计时已经考虑了预留层催化剂的荷载，但在脱硝超低排放实际改造过程中应特别考虑今后催化剂更换管理时引起的全部催化剂载荷的变化，对于原脱硝装置预留载荷不够的则需要相应进行加固改造。

SCR 脱硝装置超低排放改造由于需增加备用层吹灰器、稀释风机、液氨蒸发器等，电气负荷相应会有所增加。电气系统改造需要核算反应区和还原剂区新增设备负荷，对新增负荷在原设计预留范围内的，可以不作改造，反之则需要进行电气系统改造。

SCR 脱硝装置超低排放改造将对控制系统提出更高要求，以测量仪表为例，其精度要求进一步提高，相应需要考虑进行仪表量程调整校核、低量程高精度仪表更换等。

由于 SCR 脱硝装置提效改造是在现有脱硝设施的基础上实施的改造，且所用电、水、蒸汽及压缩空气等的增加量均较少，公用系统、消防系统、采暖通风及空气调节原则一般可不作改造，但仍需做相应核算。

43. SCR 脱硝超低排放的投资与经济性如何?

答: 不同机组容量等级、不同 SCR 入口 NO_x 浓度对 SCR 脱硝工程建设 (按新建脱硝装置考虑) 投资和单位造价的影响见图 3–5。入口 NO_x 浓度为 $300mg/m^3$ 时, $2×300MW$ 等级机组 SCR 脱硝投资为 0.89 亿～1.19 亿元, 单位造价 148～199 元/kW; 当入口浓度增加到 $800mg/m^3$ 时, 投资水平增加约 35%。对 $2×600MW$ 等级机组, 入口浓度为 $300mg/m^3$ 时的脱硝投资为 1.30 亿～1.71 亿元, 单位造价 108～143 元/kW; 当入口浓度增加到 $800mg/m^3$ 时, 投资水平增加约 33%。对 $2×1000MW$ 等级机组, 入口浓度为 $300mg/m^3$ 时的脱硝投资为 1.77 亿～2.39 亿元, 单位造价 88～120 元/kW; 当入口浓度增加到 $800mg/m^3$ 时, 投资水平增加约 36%。不同机组容量等级, NO_x 浓度增加对投资的影响程度基本相同。当 NO_x 小于 $600mg/m^3$ 时, 入口浓度每增大 $50mg/m^3$, SCR 单位造价投资约增加 2.2～7.4 元/kW。而当入口为 $800mg/m^3$ 时, 如采用 SNCR/SCR 脱硝工艺, 此时投资较 SCR 脱硝工艺略有下降 (单位投资下降 3～8 元/kW)。

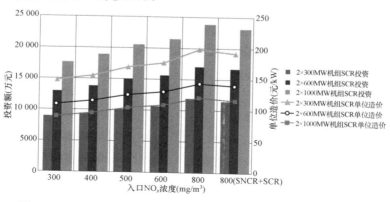

图 3–5　入口 NO_x 浓度对 SCR 投资和单位造价的影响 (两台机组)

不组容量等级机组,不同 SCR 入口 NO_x 浓度对脱硝系统成本影响见图 3-6。总体而言,SCR 脱硝系统成本主要与入口 NO_x 浓度和机组容量有关,机组容量越小,单位脱硝成本越高。300MW等级机组脱硝成本为 8.4～13.9 元/MWh,600MW 等级机组脱硝成本为 6.8～11.3 元/MWh,1000MW 等级机组脱硝成本为 6.0～10.4 元/MWh。而 SNCR/SCR 系统由于反应氨氮比较高,其运行费用明显高于 SCR 系统,高约 29%～43%。

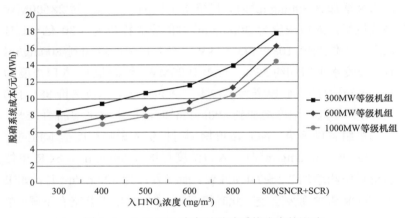

图 3-6　入口 NO_x 浓度对脱硝系统成本的影响

如采用 SCR 脱硝工艺,300、600、1000MW 等级机组脱硝总成本中实际运行(电耗、催化剂耗、还原剂消耗等)成本分别占总成本的 59%～70%、63～71% 和 67～75%,修理维护分别占 6%～8%、5%～6% 和 4%～6%。

跟 10 元/MWh 的脱硝补贴电价加 2 元/MWh 的 NO_x 超低排放补贴电价相比,采用 SCR 脱硝工艺的 1000MW 和 600MW 等级机组基本均可实现脱硝盈利,300MW 等级机组在入口 NO_x 浓度小于 600mg/m³ 情况下可实现脱硝盈利。同时可以明显看出的是,SNCR/SCR 工艺虽然投资增加较小,但其运行费用增加较多。

44. SNCR/SCR 联用脱硝与 SNCR+SCR 脱硝有什么区别？

答：SNCR/SCR 联用技术是指在烟气流程中分别安装 SNCR 和 SCR 脱硝装置。在 SNCR 区段喷入尿素等作为还原剂，将一部分 NO_x 脱除；在 SCR 区段利用 SNCR 逃逸的氨气在 SCR 催化剂的作用下将烟气中的 NO_x 还原成 N_2 和 H_2O。整个脱硝系统共用一套还原剂系统。在工程应用中需特别考虑 SNCR 的逃逸氨作为 SCR 部分的还原剂来源，在运行时需进行相应喷枪投运方面的调整以满足 SCR 运行要求。此技术一般应用于前期已配置 SNCR 或 SCR 布置空间有限的老、小机组上。

SNCR+SCR 脱硝技术也是在烟气流程中分别安装 SNCR 和 SCR 装置，其中在 SNCR 区段喷入尿素等作为还原剂，将一部分 NO_x 脱除；而在 SCR 区段则利用单独的还原剂制备系统制备的 NH_3，在 SCR 催化剂的作用下将烟气中的 NO_x 还原成 N_2 和 H_2O。整个脱硝系统有两套还原剂系统，分别对应 SNCR 及 SCR 系统。SNCR 与 SCR 属于两套独立的脱硝系统，呈叠加效果，虽然在实际运行中也会考虑到两部分的联合运行，但主要是考虑脱硝效率的分配问题。此技术目前主要应用于 W 炉机组 NO_x 超低排放上，由于 W 炉 NO_x 生成浓度过高，仅依靠 SCR 技术无法实现超低排放，此时需要配置 SNCR 作为辅助手段。

45. 蜂窝与平板式脱硝催化剂可以互换、混装吗？

答：蜂窝与平板式脱硝催化剂可以互换甚至混装，在蜂窝与平板式催化剂生产过程中，催化剂模块已经按可互换的标准尺寸进行设计，在脱硝工程设计时，也会考虑催化剂型式调整所带来的影响（如荷载）。从脱硝性能上来说，通过选型调整，蜂窝和平板式均能够达到相同的性能指标。而在进行脱硝数模和物模实验时，催化剂的型式并不是流场设计的影响因素。理论上，脱硝流场主要关注最上层催化剂入口的流场条件，而不同催化剂型式对流场的影响一般可忽略不计。在国外已有大量蜂窝与平板式催化剂换装或混装业绩，为消除流场或积灰不利影响，甚至有单层混装的成功运行案例，国内近年来也陆续出现了类似工程业绩。从运行情况来看，催化剂型式调整或混合使用并未对脱硝装置运行产生不利影响。需要注意的是，同等工况下，平板式催化剂较蜂窝催化剂用量要大，因此需提前核实吹灰器位置，另外如果蜂窝改平板式催化剂，还需核实反应器单层层高及荷载。

46. 脱硝还原剂由液氨改为尿素的改造范围包括哪些？

答： 由于当前电力行业的安全监管力度逐步加大，液氨替代逐渐被一些地方政府和用氨火电企业提上日程。考虑到尿素具有性状相对稳定、对环境无直接危害、运输储存安全方便等特点，已成为火电厂 SCR 脱硝装置液氨替代品首选。

当对原液氨供应系统进行尿素替代时，仅需要建设尿素溶液制备和尿素热解/水解制氨设备即可实现对原有液氨区域的全部替换，原有氨气供应管路走向不变。由于尿素热解/水解所制备的氨气为混合气体，浓度低于液氨蒸发槽出口纯氨气，所以需要对氨空混合气前的原有氨气供应管路进行更换。此外，为防止尿素结晶，须将原冷风作为稀释风更换为热风稀释。

改造范围包括新建尿素站、尿素制氨装置（热解炉或水解反应器）、引热一次风作为加热稀释风、尿素制氨装置与 AIG 连接管道以及电气热控等。改造工程可在机组运行期间，进行尿素站的基础施工、反应器区的钢架改造（涉及热解/水解器）、制氨反应装置安装等，在此期间原还原剂系统正常运行，待施工完成后可逐台机组在停炉检修期间进行热风管道接口及氨管道接口安装。

47. 脱硝还原剂由液氨改为尿素的技术经济性如何？

答： 脱硝还原剂由液氨改为尿素的经济性受具体还原剂制备

方案、发电企业所在当地还原剂单价等易耗品价格影响，以某
2×600MW 机组为例，液氨改为尿素的消耗品用量与投资运行成
本比较见表 3–2 和表 3–3。

表 3–2　　　各种制氨技术消耗品用量（两台炉）

项　目	液氨制氨	尿素热解制氨	尿素水解制氨
尿素（kg/h）	—	976	830
液氨（kg/h）	461	—	—
蒸汽（用于伴热及加热，t/h）	0.42	0.65	2.54
除盐水（尿素溶解，kg/h）	—	976	830
一次热风（m³/h）	—	13 000	13 000
电耗（kW）	60	1860	80

表 3–3　　　　改造后总成本分析（两台炉）

序号	项　目		单位	尿素热解	尿素水解	液氨制氨
1	项目总投资		万元	2000	2100	0
2	年利用小时		h	5000	5000	5000
3	厂用电率		%	5.99	5.84	5.84
4	年售电量		GWh	5641	5650	5650
5	生产成本	折旧费	万元	130	136	0
		修理费	万元	40	42	0
		还原剂费用	万元	1001	851	630
		电耗费用	万元	279	12	9
		低压蒸汽费用	万元	49	191	32
		除盐水费用	万元	15	12	0
		总计	万元	1513	1244	671
6	财务费用（平均）		万元	44	47	0
7	生产成本+财务费用		万元	1557	1291	671
8	增加上网电费		元/MWh	2.76	2.28	1.19

48. W 炉实现 NO_x 超低排放有哪些技术路线？

答：目前行业内认可的 SCR 脱硝效率最高可达到 93%（即对应入口 NO_x 最高浓度为 700mg/m³），W 炉应用 SNCR 技术较为可靠的脱硝效率为 30%，以此为基准，针对不同的初始 NO_x 浓度（见表 3–4），W 炉 NO_x 超低排放技术路线可具体分析如下：

（1）NO_x 浓度＞1200mg/m³ 的锅炉，可采用低氮燃烧+SCR 提效组合方案或低氮燃烧+增设 SNCR+SCR 提效组合方案。

（2）900＜NO_x 浓度≤1200mg/m³ 的锅炉，可采用低氮燃烧+SCR 提效组合方案、低氮燃烧+增设 SNCR+SCR 提效组合方案或增设 SNCR+SCR 提效组合方案。

（3）700＜NO_x 浓度≤900mg/m³ 的锅炉，可采用增设 SNCR+SCR 提效组合方案。

（4）NO_x 浓度≤700mg/m³ 的锅炉，可直接采用 SCR 提效方案。

（5）配煤掺烧可作为低氮燃烧辅助措施。

表 3–4　　　　W 炉 NO_x 超低排放技术路线分析

初始 NO_x 浓度（mg/m³）	LNB（配煤掺烧）	SNCR 脱硝	SCR 脱硝	改造投资（万元）	运行成本（万元/年）	运行可靠性
＞1200	＜700	—	＜50	3800	1500	较低
	＞700	＜500	＜50	6000	6500	较高
900～1200	＜700	—	＜50	3800	1500	较低
	＞700	＜500	＜50	6000	6500	较高
	—	＜700	＜50	4000	8000	较低
700～900	＜700	—	＜50	3800	1500	较低
	—	＜500	＜50	4000	6500	较高
＜700	—	—	＜50	1800	1500	较低

注：改造投资与运行成本以 2×600MW 机组为例。

49. W 炉实现 NO$_x$ 超低排放的技术经济性如何?

答: W 炉实现 NO$_x$ 超低排放的技术经济性受具体改造方案、设计边界条件以及发电企业所在当地易耗品单价的影响,以某电厂 2×600MW 机组为例进行改造模型分析,改造设计参数与性能指标见表 3–5。

方案一仅考虑 SCR 提效,SCR 部分加装/更换催化剂及配套吹灰器,配套对反应器内流场构件进行局部改造或调整。

方案二采用 SNCR+SCR 脱硝,除 SCR 改造外,SNCR 改造范围包括新建还原剂制备系统,新增炉区混合、计量、分配模块及喷枪,涉及锅炉炉膛开孔、增加空气压缩机等。

表 3–5　　　　　　改造设计参数与性能指标汇总

项　目		单位	设计值	备注
设计参数	烟气量	m³/h	2 100 000	标态、干基、6%O$_2$
	设计烟气温度	℃	390	
	烟尘浓度	g/m³	43	标态、干基、6%O$_2$
	改造前 NO$_x$ 浓度	mg/m³	800	标态、干基、6%O$_2$
	方案一　SCR 入口设计 NO$_x$ 浓度	mg/m³	800	标态、干基、6%O$_2$
	方案二　SNCR 改造后 NO$_x$ 浓度	mg/m³	500	标态、干基、6%O$_2$
	方案二　SCR 入口设计 NO$_x$ 浓度	mg/m³	600	标态、干基、6%O
	SO$_2$	mg/m³	12 000	标态、干基、6%O$_2$
	SO$_3$	mg/m³	120	标态、干基、6%O$_2$
	O$_2$	%	3.5	干基
	H$_2$O	%	5.4	

	项　　目	单位	设计值	备注
性能要求	NO$_x$排放浓度	mg/m^3	50	标态、干基、6%O$_2$
	脱硝效率	%	93.8	方案一
		%	91.7	方案二
	NH$_3$逃逸	mg/m^3	≤2.28	标态、干基、6%O$_2$
	SO$_2$/SO$_3$转化率	%	≤1.0	三层催化剂
	SO$_2$/SO$_3$转化率	%	≤0.35	新增层催化剂
	系统压降	Pa	≤1000	三层催化剂
	脱硝系统温降	%	≤3	
	系统漏风率	%	≤0.4	
	最低连续运行烟温	℃	330	
	最高连续运行烟温	℃	430	
	年运行小时	h	6000	
	年利用小时	h	4000	
	脱硝装置可用率	%	>98%	
	脱硝装置服务寿命	年	30	
	噪声	dB（A）	<85	

　　两种方案改造工程投资与运行成本分析见表3-6，2×600MW机组单纯实施SNCR改造投资约为2000万～2400万元、单纯实施SCR改造投资约为1400万～2400万元（受催化剂添加/更换方案影响较大）。且采用SNCR技术导致的脱硝年运行成本显著增加，仅此部分折算电价就将超出超低排放电价补贴。

表 3-6 改造工程投资与运行成本分析

序号	项 目		单位	方案一	方案二
1	改造投资	SNCR 投资	万元	—	2400
		SCR 投资	万元	2700	1800
		其他费用	万元	500	700
		项目总投资	万元	3200	4900
2	年利用小时		h	4000	4000
3	厂用电率		%	8.65	8.65
4	年售电量		GWh	4385	4385
5	生产成本	折旧费	万元	831	790
		修理费	万元	60	91
		还原剂费用	万元	244	5099
		电耗费用	万元	0	11
		低压蒸汽费用	万元	0	31
		除盐水费用	万元	0	442
		催化剂更换费用	万元	308	69
		催化剂性能检测费	万元	20	20
		催化剂处理费用	万元	150	34
		总计	万元	1612	6587
6	财务费用（平均）		万元	90	136
7	生产成本+财务费用		万元	1703	6724
8	增加上网电费		元/MWh	3.88	15.33

50. 主要宽负荷脱硝改造技术的原理与优缺点是什么？

答：如问题 26 所述，SCR 脱硝系统投运对烟温有一定要求，机组低负荷运行时，当烟温低于催化剂连续运行温度时，脱硝过程中硫氨盐会沉积在催化剂反应微孔内导致活性下降。宽负荷脱硝是指脱硝系统应能在锅炉最低稳燃负荷和 BMCR 之间的任何工况之间持续安全运行。当机组低负荷运行，SCR 入口烟气温度低于最低连续运行烟温时，需停止喷氨以避免对催化剂造成损害，即不能实现宽负荷脱硝。

宽负荷脱硝工程改造的主要思路是减少 SCR 反应器前省煤器内介质的吸热量，提高 SCR 入口烟气温度。目前主要的工程改造方案包括省煤器烟气旁路、省煤器给水旁路、省煤器分级改造、抽汽加热给水、热水再循环等。此外宽温差催化剂也是当前宽负荷脱硝技术领域的研究热点，但其技术可靠性仍有待进一步检验。

1. 省煤器给水旁路方案

如图 3-7 所示，在省煤器进口集箱之前设置调节阀和连接管道，将部分给水短路，直接引至下降管或者省煤器中间联箱，减少给水在省煤器受热面中的吸热量，以达到提高 SCR 烟气脱硝系统入口烟气温度的目的，实现宽负荷脱硝投运。

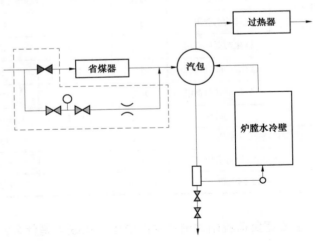

图 3-7　省煤器给水旁路示意图

优点：工程投资较小（单台600MW机组投资约400万～600万元），仅需要设置一条给水至下降管或者省煤器出口的旁路和一套流量调节系统，系统简单，不会对锅炉产生其他影响，安全可靠。

缺点：调节烟温幅度较小（10℃以内）；如所需调节温度幅度过大，则需要旁路的给水量太大，将会产生省煤器内介质超温现象，可能会对省煤器造成气蚀，威胁到机组的安全运行。此外，本方案会导致排烟温度升高，影响机组经济性（热效率可能降低0.1%～0.5%），并且对电厂的运行控制方式带来一定的改变。

2. 省煤器烟气旁路方案

如图3-8所示，此方案基本原理为在省煤器进口位置的烟道上开孔，抽一部分烟气至SCR接口处，设置烟气挡板，增加部分钢结构。在低负荷时，通过抽取烟气加热省煤器出口过来的烟气，使低负荷时SCR入口处烟气温度达到脱硝最低连续运行烟温以上。

优点：理论上烟温调控范围较大，投资成本相对较低（单台600MW机组初步投资估计约400万～600万元），实施简单。

缺点：可靠性较差；同样会导致排烟温度升高，影响机组经济性（锅炉效率可能降低约0.2%～1.0%），且对电厂的运行控制方式带来一定的改变。旁路烟道中粉尘含量较高，对挡板的磨损较为严重，所以对于挡板的材料和制造工艺有较高要求。此外，此方案要求旁路烟道与主烟道的压力匹配良好，以实现合理的流量分配，从而满足烟温控制的要求，但实际运行中安装在较大尺寸烟道上的挡板的控制精度往往难以保证。旁路挡板在长时间高温运行中容易产生变型、卡涩、密封不严，需要经常维护保养甚至更换。

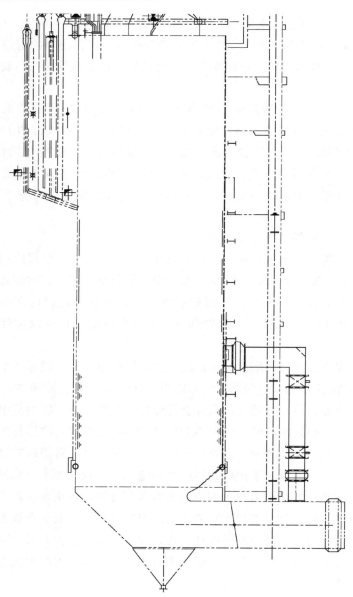

图 3-8 省煤器烟气旁路示意图

3. 省煤器分级设置方案

如图 3-9 所示，在进行热力计算的基础上，将原有省煤器靠烟气下游部分拆除，在 SCR 反应器后增设一定量的省煤器受热面。给水直接引至位于 SCR 反应器后面的省煤器，然后通过连接管道引至位于 SCR 反应器前面的省煤器中。通过减少 SCR 反应器前省煤器的吸热量，达到提高 SCR 反应器入口温度在 MOT 以上的目的。烟气通过 SCR 反应器脱硝后，进一步通过 SCR 反应器后的省煤器来吸收烟气中的热量，以保证空气预热器进、出口烟温基本不变，也就是说，在实现宽负荷脱硝的同时，保证锅炉的热效率等性能指标不受影响。

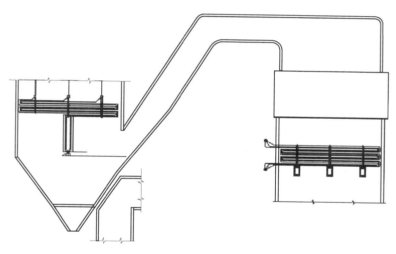

图 3-9 省煤器分级改造示意图

优点：不改变锅炉整体热量分配和运行、调节方式，随负荷变动可调节范围大，排烟温度基本保持不变，锅炉运行经济性得到保证。

缺点：投资成本相对较高，单台 600MW 机组投资约 1500 万～2000 万元；如果机组负荷率较高，脱硝催化剂运行温度整体提高，可能偏离催化剂的最佳反应温度范围，且存在脱硝催化剂高温烧结的风险。

4. 热水再循环方案

如图 3-10 所示，本方案的原理为通过热水再循环提高给水温度，减少省煤器的冷端换热温差，以减少省煤器对流换热量，使省煤器出口烟气温度提高。

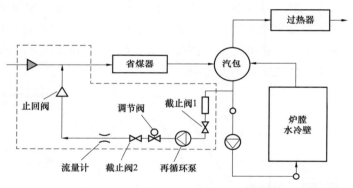

图 3-10　省煤器热水再循环系统示意图

具体方法是在锅筒下降管合适的高度位置另外引出循环管路，混合后经过新增加的循环泵加压，引入至给水管路。目的是提高省煤器进口水温，减小省煤器水侧与烟气侧的传热温差，从而达到减少省煤器吸热量，提高省煤器出口烟气温度的目的。此方案能够实现烟温大幅提升，根据已有案例，烟温可提高 40℃以上。

优点：调节灵敏精确，提温幅度大。

缺点：投资成本相对较高，单台 600MW 机组投资约 1200 万～1800 万元左右；改造后系统投运时，排烟温度升高，锅炉效率下降。

5. 抽汽加热给水方案

如图 3-11 所示，对于超临界、超超临界机组，可通过在原给水加热系统基础上，利用现有汽轮机特性，在补气阀后选择合适的抽汽点，增加一路抽汽，同时可以选择增加一级加热器，采用该抽汽加热给水，该抽汽量通过调节门进行控制，控制新增加热器的入口压力以及低负荷工况下的给水温度；或者与原第一级抽汽并联接入到 1 号高压加热器，在机组低负荷情况下，通过投运新一路抽汽，关闭原第一级抽汽口，通过调节门控制加热器入口压力，保证低负荷工况下给水温度，减少省煤器在低负荷工况下的吸热量，提高省煤器出口烟气温度，实现宽负荷脱硝功能。

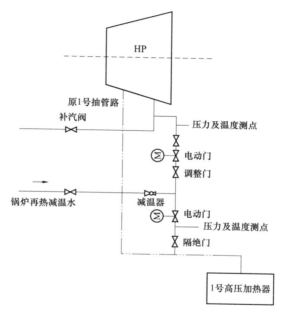

图 3-11 抽汽加热给水示意图

优点：系统调节灵敏，降低机组热耗率。

缺点：应用范围较小，只能针对部分具有补汽系统汽轮机采用该方案，而且采用该方案需要对原热力系统及热平衡图进行分析计算，确保改造后设备安全、可靠。

当前主流宽负荷改造技术的分析比较见表 3-7。

表 3-7　　　　　宽负荷脱硝改造技术措施分析比较

方案	工程改造方案（针对具体工程以下方案可以组合使用）				
	省煤器给水旁路方案	省煤器烟气旁路方案	省煤器分级改造方案	热水再循环方案	抽汽加热给水方案
优点	投资少，工程量小	投资少、工程量小	（1）不影响锅炉经济性；（2）不增加运维工作量	（1）烟气提温幅度大；（2）可精确调节	可降低机组热耗率
缺点	（1）调温幅度有限（10℃以内）；（2）影响锅炉效率	（1）可能影响脱硝流场；（2）对设备可靠性要求较高；（3）影响锅炉效率	（1）投资及工程实施难度较大；（2）部分项目空间受限；（3）SCR 整体温度窗口提高，可能偏离最佳脱硝温度范围	（1）初投资高，系统复杂；（2）影响锅炉效率	（1）涉及汽轮机与锅炉热力平衡变化；（2）运行控制要求相对较高
工期（天）	30	30	50	50	30
费用（万元/台，以600MW机组为例）	400～600	400～600	1500～2000	1200～1800	700～1000

51. 燃煤机组进行宽负荷脱硝改造的技术经济性如何？

答： 各宽负荷脱硝改造方案均有一定的应用边界条件，且投资及对机组运行经济性的影响均不同，因此应根据各项目实际情况，全面分析边界条件，深入分析各改造方案的可行性、适用性和经济性，经技术经济比选后优化选择最优技术方案，尤其是改造项目应针对现役机组特点、燃煤状况、SCR 烟气脱硝系统设计数据、设备状况、布置方式等采取最适宜的改造方案。

以某 600MW 机组为例，综合考虑改造的安全可靠性与技术经济性，将改造目标设定为锅炉最低稳燃负荷 35%THA～100%BMCR 负荷范围内，省煤器出口最低烟温约 305℃，最高烟温不高于 400℃，见表 3-8。经技术可行性论证，针对本案例机组低负荷运行烟温较 SCR 最低连续运行烟温低近 30℃ 的特点，仅省煤器流量置换、省煤器烟气旁路和省煤器分级设置三种方案技术上成熟可行，因此以下对此三种方案做进一步技术经济论证。

表 3-8　　　　　　　　　省煤器出口烟温数据

工况	负荷范围（MW）	A 侧		B 侧	
		烟温范围（℃）	平均烟温（℃）	烟温范围（℃）	平均烟温（℃）
T-1	595～615	355～375	368	351～375	365
T-2	453～458	337～351	340	335～342	338
T-3	351～363	318～323	321	312～327	320
T-4	302～314	301～305	303	300～301	304
T-5	212～255	282～296	285	282～300	286

1. 改造范围及新增工艺设备

省煤器流量置换方案主要包括给水旁路与热水再循环两部分，给水旁路改造内容及新增工艺设备主要包括：冷热水混合器、调节阀、截止阀、止回阀、流量计、设暖管旁路及相应测点，给水管道上装设憋压阀，新增原给水管道至省煤器出口连接管之间的给水管道、管道支吊架、其他疏水设置等。热水再循环改造内容及新增工艺设备主要包括：再循环泵、压力容器罐、冷热水混合器、调节阀、截止阀、止回阀、流量计、最小流量管线、设暖管旁路和相应测点，以及相应的疏水系统。

省煤器烟气旁路改造主要包括旁路烟道挡板门、旁路烟道、保温、膨胀节、水冷壁改造及钢构加固等。省煤器旁路烟道靠近锅炉侧设置非金属膨胀节与双百叶调节性挡板门。为保证省煤器旁路烟气与主烟道烟气混合均匀，省煤器旁路烟道在与主烟道接口前分为若干小单元，并在主烟道中布置气流均布板。省煤器烟气旁路与水冷壁接口处，需要去掉水冷壁的鳍片，用于烟气流通。

省煤器分级改造方案主要涉及在锅炉热力计算的基础上，对现有省煤器的割除与新增省煤器的布置。根据计算结果，将现有的省煤器热面切除约 17%，通过散管将保留的 83%省煤器管恢复连接至原省煤器进口集箱，在脱硝出口烟道内，沿宽度方向布置一级省煤器，省煤器换热面积约为原省煤器总换热面积的 17%左右。

2. 投资估算

工程投资的主要数据见表 3–9。

表 3–9　　　　　　　　工程投资主要数据

序号	项目名称	单位	流量置换	烟气旁路	分级设置
1	工程静态投资	万元	1862	542	1615
2	静态工程单位投资	元/kW	31.03	9.03	26.91
3	建设期贷款利息	万元	24	7	21
4	工程动态投资	万元	1886	549	1636
5	动态工程单位投资	元/kW	31.43	9.15	27.26

3. 安全可靠性比较

采用热水再循环方案，稳定负荷状态下，安全性较高。但在变负荷动态运行情况下，考虑到直流炉的特性，热水循环泵流量和给水到省煤器出口连接管旁路流量的控制匹配问题是一个难点，其对设备及其可靠性要求非常高，若匹配不好可能造成非停。随机组负荷变化调节阀门和再循环泵，锅炉运行操作更为复杂。此外由于增加了管阀及再循环泵，检修点增加较多，且都为 A 级设备，设备安全风险点增加较多。

采用省煤器烟气旁路方案，旁路烟道需要设置关断挡板与调节挡板，挡板在长时间高温高灰条件下运行会产生积灰、变形或卡涩，造成无法正常打开投入运行。

采用省煤器分级设置方案，锅炉运行方式不变，系统安全性与改造之前基本一致。但是由于分级设置缺乏对 SCR 入口烟温的调节措施，入炉煤煤质波动较大有可能引起 SCR 入口烟气超温，后续锅炉运行过程中应对此进行特别关注。

4. 技术经济性比较

从表 3–10 可以看出，省煤器流量置换方案投资最高，省煤器烟气旁路方案投资最低。流量置换与烟气旁路方案均会导致低负荷下锅炉效率下降，而采用省煤器分级的锅炉效率不受影响。

表 3–10 技术经济性比较

项　目	省煤器流量置换	省煤器烟气旁路	省煤器分级设置
适用负荷范围	35%THA～100%BMCR	35%THA～100%BMCR	35%THA～100%BMCR
静态投资（万元）	1862	542	1615
运行方式	随负荷变化调节阀门和再循环泵	随负荷变化调节挡板	不变
锅炉效率	高负荷下锅炉效率不受影响，低负荷下排烟温度升高锅炉效率下降	高负荷下锅炉效率不受影响，低负荷下排烟温度升高锅炉效率下降	锅炉效率不受影响

此外，根据机组运行现状，负荷 330MW 以下烟温已不能满足 SCR 运行要求，假设流量置换与烟气旁路方案对锅炉效率影响为降低 1%，机组 330MW 以下的折算年利用小时为 400h，则仅此部分造成的损失将达到：

400h×600MW×1%×321g 标煤/kWh×850 元/t 标煤=66 万元

第四章

SCR 烟气脱硝装置运行

52. 低氮燃烧与 SCR 脱硝应如何协同优化运行？

答：低氮燃烧与 SCR 烟气脱硝是目前燃煤电厂使用最为广泛的脱硝技术，大部分电厂均采用两者相结合的脱硝技术。从运行经济性角度出发，低氮燃烧没有直接运行成本，通过其降低 SCR 脱硝入口 NO_x 浓度能够有效降低后续 SCR 脱硝需求。而在当前超低排放要求下，后续烟气脱硝的压力陡增，协同优化低氮燃烧与 SCR 脱硝更加成为燃煤电厂氮氧化物控制的重要运行问题。

先进的低 NO_x 燃烧技术将煤质、制粉系统、燃烧器、二次风及燃尽风等技术作为一个整体考虑，以低 NO_x 燃烧器与空气分级为核心，在炉内组织燃烧温度、气氛与停留时间，形成早期的、强烈的、煤粉快速着火欠氧燃烧，利用燃烧过程产生的氨基中间产物来抑制或还原已经生成的 NO_x。目前典型煤种典型燃烧器布置方式煤粉炉应用低氮燃烧技术的 NO_x 生成浓度见表 4–1。

表 4–1 低氮燃烧排放限值参考

炉型	燃烧器布置方式	NO_x 生成浓度（mg/m³）			
		烟煤	褐煤	贫煤	无烟煤
煤粉炉	切圆	250	300	500	—
	墙式	300	300	550	—
	W 火焰	—	—	800	1000

需要说明的是，低氮燃烧优化应以不影响锅炉安全、稳定、

高效运行为前提，当前已有部分发电企业由于过度追求深度低氮燃烧，对锅炉运行性能产生一些不利影响：

（1）锅炉燃烧效率降低。空气分级燃烧不利于燃料的完全燃烧，导致锅炉排烟中的飞灰可燃物含量和 CO 含量升高，排烟损失增大，锅炉热效率降低。

（2）结渣与高温腐蚀。采用低过剩空气量运行及炉内空气深度分级燃烧方式时，在燃烧器区域水冷壁附近会形成还原性气氛，导致灰熔点降低，引起燃烧器区域水冷壁受热面的结渣与腐蚀加剧。

（3）汽温偏离或波动过大。采用低氮燃烧技术后，炉膛水冷壁吸热量分布发生变化，有可能引起过热蒸汽、再热蒸汽温度的变化以及减温水量的增大，控制难度增加。

因此，采用低氮燃烧系统不能盲目追求过低的 NO_x 控制指标，在实际运行中，应遵循安全、经济、环保、可调的基本原则，即在保证锅炉安全性的基础上，不以牺牲锅炉经济性为代价，确保 NO_x 生成浓度最低，同时要保证长期运行过程中可根据负荷、煤种变化情况实行调整。必要时可开展燃烧调整试验，确定经济运行曲线，即通过调整低氮燃烧来控制脱硝反应器入口 NO_x 浓度，调整 SCR 脱硝喷氨量满足达标排放，综合考虑锅炉效率与脱硝运行成本，确定不同负荷条件下的经济运行曲线，并指导两者协同运行。

53. SCR 脱硝系统运行费用由哪些组成？

答：SCR 脱硝系统运行费用主要包括还原剂、电耗、蒸汽、除盐水、压缩空气、人工费、折旧费及修理费、财务费用等。以某 2×600MW 机组 SCR 脱硝项目为例，采用液氨和尿素作为还原剂的脱硝运行成本见表 4-2 所示。

表 4-2   **SCR 脱硝成本估算**

序号	内容		单位	液氨法	尿素法
1	项目总投资		万元	19 954	21 438
2	年利用小时		h	5500	5500
3	厂用电率		%	5.76	6.01
4	年售电量		GWh	6220	6204
5	生产成本	工资	万元	125	125
		折旧费	万元	1976	2123
		修理费	万元	399	429
		还原剂费用（扣除进项税）	万元	875	915
		电耗费用	万元	332	1145
		低压蒸汽费用	万元	314	267
		除盐水费用	万元	0	29
		催化剂更换费用（扣除进项税）	万元	558	558
		催化剂性能检测费	万元	60	60
		催化剂处理费用	万元	86	86
		总计	万元	4725	5737
6	财务费用（平均）		万元	606	651
7	生产成本+财务费用		万元	5330	6387
8	增加上网电费（不含税）		元/MWh	8.57	10.30
9	排污费节省		万元	706	706
10	扣除排污费节省后总成本		万元	4624	5681
11	扣除排污费节省后增加上网电费（不含税）		元/MWh	7.43	9.16

54. SCR 脱硝系统节能降耗可采取哪些措施?

答：典型的 SCR 脱硝运行成本如图 4-1 所示,考虑到折旧费、财务费用不具备调整空间,脱硝运行成本中占比较大且有运行调整空间的部分主要包括还原剂费用、催化剂更换费用以及能耗(电耗、汽耗）费用。从节能降耗的角度看，应考虑以下几个方面：

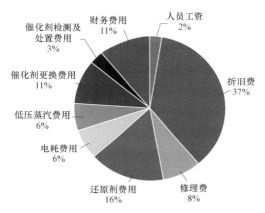

图 4-1 某 2×600MW 机组 SCR 脱硝运行成本示意

（1）加强系统阻力管控。一般来说只要不发生严重积灰、堵塞问题，脱硝装置投运后阻力应维持在较稳定水平，日常运行中应加强吹灰控制与停机检查、清灰工作，对于阻力异常升高现象及时进行处理，从而尽量减少风机电耗。

（2）加强催化剂寿命管控。在日常运行中应严格按照规程进行脱硝装置运维，密切关注脱硝催化剂运行状况，例如确保进出口 NO_x 浓度、烟温、烟尘浓度等处于催化剂设计范围内，加强吹灰器运行管理，做到逢停必检、及时清理催化剂积灰，防止催化剂积灰、堵塞、磨损；委托第三方技术服务单位定期开展催化剂检测工作，对催化剂性能衰减及剩余寿命情况进行评估，对异常衰减情况及时查明原因并进行整改，尽可能延长催化剂寿命。

（3）加强进出口 NO_x 浓度管控。在不影响锅炉安全、稳定、高效运行的前提下，尽量优化低氮燃烧运行方式，降低入口烟气 NO_x 浓度，避免出口烟气 NO_x 浓度值控制过低，确保 SCR 脱硝效率控制在设计范围内，降低氨耗。

（4）采用节能型还原剂制备技术。如液氨蒸发器改电加热为蒸汽加热、尿素热解改为水解或将电加热改为高温烟气换热等，降低电耗费用。

55. SCR 脱硝运行检修人员有哪些注意事项？

答：当前部分燃煤电厂运维人员对脱硝运行问题认识仍不足，普遍存在"重效率轻氨逃逸、重催化剂轻流场、提效即增大喷氨量或增加备用层"的片面认识，因此应重视专业技术培训工作，提高运维人员专业技术水平，对 SCR 脱硝关键技术（如 ABS 问题防治、宽负荷脱硝、催化剂管理方案等）的原理和特性有深刻的认识，从而能够对运维问题进行及时、有效的分析判断，尽可能避免问题的出现及加剧。

对于运行人员，应掌握脱硝正常启动、停运、自动保护停运及其运行过程中的主要控制方式，熟悉脱硝系统各项运行参数正常运行范围（如反应器进出口 NO_x 浓度、脱硝效率、喷氨量、氨逃逸、反应器进出口烟温、稀释风量、催化剂压差、空气预热器压差等），在日常运行中尽可能让脱硝运行条件处于设计参数范围内，严格控制进出口 NO_x 浓度、反应器压降、氨逃逸浓度等重要参数，尤其关注参数异常变化现象。

对于检修维护人员，应在日常工作中重点关注常见问题，如供氨阀门堵塞、调节性能差、喷氨喷嘴堵塞脱落、管道磨损、导流板及整流装置变形、催化剂密封件变形失效、催化剂积灰磨损等，及时查找并进行处理。此外，应利用停机机会进行反应器内部检查和清灰处理，确保在线仪表处于健康运行状态，为运行人员进行操作提供有效指导。

56. 烟气条件偏离设计值对 SCR 脱硝性能有何影响？

答：脱硝系统设计烟气条件主要包括入口烟气量、温度、NO_x

浓度、飞灰特性、微量元素含量和首层催化剂入口烟气参数分布均匀性等。烟气条件偏离设计值对脱硝性能有如下影响：

（1）理论上脱硝入口 NO_x 浓度越高，脱硝效率则越低，当脱硝入口 NO_x 浓度超出设计值时，为实现 NO_x 达标排放势必会要求脱硝效率超出性能保证值，进而会导致还原剂耗量增大、氨逃逸上升甚至超标。

（2）脱硝入口烟温对于脱硝效率的影响视设计温度值与催化剂性能会有不同表现，当脱硝入口温度超出设计值时，脱硝效率有可能上升、下降或维持稳定，但在 SCR 脱硝温度区间内，随着入口温度的上升，会造成 SO_2/SO_3 转化率上升，提高烟气中的 SO_3 浓度，因此在不影响脱硝性能的条件下，实际运行中可通过运行调整适当控制烟温，以尽量降低 SO_2/SO_3 转化率。

（3）理论上，脱硝入口烟气量越大，则脱硝效率与 SO_2/SO_3 转化率越低，此外当脱硝入口烟气量超出设计值时，会造成系统阻力上升乃至超标，催化剂通道内烟气流速加快，加速磨损。

（4）当脱硝入口烟尘浓度超出设计值时，会加大催化剂积灰和磨损的风险，严重时将导致催化剂使用寿命缩短。

（5）当脱硝催化剂入口速度场、氨氮摩尔比相对偏差等流场指标偏离设计值，将会引起脱硝效率下降或局部氨逃逸增大，无法达到设计性能保证值，脱硝系统需要提前更换催化剂。

（6）当脱硝入口烟气中 As 等微量元素含量偏高，会导致催化剂中毒、活性降低，化学寿命缩短。

57. SCR 脱硝效率降低的原因有哪些？

答：造成 SCR 脱硝效率降低的原因主要有：

（1）氨气供应压力不足、供氨管道堵塞、手动阀门的开度不足等，此时即使氨流量控制阀开度很大，氨量供应仍不充足；

（2）入口 NO_x 浓度明显高于设计值；

（3）催化剂失活；

（4）氨喷射管道或喷嘴堵塞，氨喷射格栅流量调节不均造成氨分布不均匀；

（5）烟气采样管堵塞或泄漏造成 NO_x/O_2 分析仪给出信号不准；

（6）催化剂大面积积灰；

（7）催化剂机械磨损严重。

当出现脱硝效率偏低现象时，切忌盲目加大喷氨量，机械地实现"达标排放"。过量喷氨可能导致大量氨逃逸直接危及设备和系统安全运行，应及时联系检修维护人员，结合现场运行参数，对效率降低原因进行分析，必要时可委托技术服务单位开展现场性能测试与催化剂取样测试，明确原因后及时采取应对措施（如开展喷氨优化试验），避免问题恶化。

58. 稀释风机有哪些常见故障？如何解决？

答： 稀释风的主要作用主要有：① 作为 NH_3 的载体，降低氨的浓度使其到爆炸极限下限以下，保证系统安全运行；② 通过喷氨格栅将 NH_3 喷入烟道，有助于加强 NH_3 在烟道中的均匀分布，便于系统对喷氨量的控制。稀释风由稀释风机负责提供，因此稀释风机运行是喷氨的必备条件。

稀释风机还有一个重要作用是避免锅炉运行过程中，灰尘堵塞喷氨格栅。因此稀释风机应伴随引风机的运行而运行。应明确启动引风机前先启动稀释风机，或启动引风机后及时投运稀释风机，严禁引风机启动后长时间未启动稀释风机，否则会导致喷氨格栅堵塞。引风机停运后方可停运稀释风机，注意当锅炉停运期间如启动引风机通风，也应启动稀释风机。

稀释风机常见故障是稀释风风量降低，导致该问题主要有如下几种原因：

（1）稀释风机入口阀门关小。稀释风机入口阀的作用是调节稀释风机流量，当调试结束，该阀门一般不要调整。不宜根据负荷高低或入口 NO_x 浓度调整风量，该风量应一直保持最大运行风量。当发现稀释风机出口压力降低、风量减小，应检查入口阀门是否误操作。

（2）稀释风机入口滤网堵塞。部分稀释风机入口滤网采用毡式滤网，极易堵塞，应每周至少切换、清理一次。可选用钢丝网式滤网，网孔较大效果较好。

（3）喷氨格栅堵塞（如图 4-2 所示）。喷氨格栅堵塞往往是由于未能及时启动稀释风机造成，现象是压力提高、流量降低。喷氨格栅一旦堵塞，清理不易，如有停机机会应彻底清理检查，如不能停机可采用提高稀释风机压力进行疏通。此外机组运行烟温低也有可能导致在喷氨格栅喷嘴处出现 ABS 积聚和粘结，通过将稀释风加热处理，或采用一次风或二次风，提高氨喷嘴区域的温度，可以有效避免此问题。

图 4-2　喷氨格栅积灰、堵塞照片

59. 吹灰器运行有哪些注意事项？

答：吹灰器运行主要注意：

（1）当采用声波吹灰器时，不论脱硝投运与否，声波吹灰器应随机组及时启动（其顺控一直投入，定期吹扫）。声波吹灰器宜按组吹扫，吹灰器间声波叠加效果更好。当发现催化剂压差有增大趋势时，应加强吹扫。从实际运行经验看，增大吹扫频次不如延长吹扫时间效果好，但时间也不可延长太多，否则加快声波吹灰器膜片疲劳度，容易损坏，吹扫过程中应严格保证压缩空气压力，保证吹扫效果。

（2）当采用蒸汽吹灰器时，由于吹灰能量较大，如蒸汽压力或吹灰器高度控制不当，容易导致吹损催化剂，如图 4-3 所示。在实际运行中应严格控制蒸汽参数（压力 0.6~1.0MPa，温度低于 400℃）与吹灰器高度（500~1000mm），停机检查时应注意是否发生催化剂吹损现象。

图 4-3　蒸汽吹灰导致催化剂点线状磨损

（3）当采用声波吹灰器+蒸汽吹灰器时，应以声波吹灰器为主，蒸汽吹灰器为辅。声波吹灰器一直投运（顺控），蒸汽吹灰器主要根据压差适时吹扫。当催化剂层压差正常情况下，蒸汽吹灰器建议每周至少吹扫一次，避免长期不运行设备锈蚀、卡涩。蒸汽吹灰如发生吹枪卡涩，应关断蒸汽阀，避免蒸汽不停吹扫一处催化剂，对催化剂造成损伤。为避免催化剂受潮，机组启动烟气温度较低时，不宜进行蒸汽吹扫。

60. 液氨供应能力不足的原因有哪些?

答: 液氨供应能力不足的直接原因主要有氨气液化和供氨压力不足两方面。氨气液化一般是由于温度过低,可通过提高液氨蒸发器出口温度或采用氨气管路伴热的方法进行解决。氨气压力不足的原因主要包括:

(1) 液氨品质问题。采购的液氨本身含有杂质,造成液氨蒸发区和氨气管道中带有杂质,堵塞管道,一般要求液氨纯度大于99.6%。

(2) 管道安装遗留物问题。脱硝系统管道在安装时未采取封堵措施,投运前未有效进行吹扫和氨气置换,有粉末状残留物存留。

(3) 管道材质的影响。因氨存储区、蒸发区和 SCR 区内主要管道设计施工上多采用碳钢管,而碳钢管道和氨发生腐蚀易形成铁的氧化物。

(4) 压力表计故障的影响。

针对上述原因,可采取相应的解决措施:

(1) 严格把控液氨质量,及时化验,其质量纯度要满足技术标准,尽量避免杂质进入输氨管道引起堵塞;

(2) 在蒸汽阀前加装滤网,利用蒸发器定期切换机会对蒸汽阀前滤网进行清理,防止杂物进入蒸发器内造成堵塞;

(3) 定期更换液氨过滤器滤芯,定期对氨区蒸发器进行吹扫,吹扫周期建议每月一次;

(4) 定期对氨气压力在线表计进行检测校验,使其处于正常运行状态。

61. 阻火器堵塞的原因有哪些?

答: 阻火器的作用是防止外部火焰窜入存有易燃易爆气体的设备、管道内或阻止火焰在设备、管道间蔓延。大多数阻火器是

由能够通过气体的许多细小、均匀或不均匀的通道或孔隙的固体材质所组成，火焰通过热导体的狭小孔隙时，由于热量损失而熄灭，如图4-4所示。喷氨管路堵塞点主要集中在喷氨管路阻火器，因为阻火器内部是很密的细网，极易导致堵塞。造成堵塞的主要原因包括：

（1）施工期间杂物/铁锈残留；

（2）液氨携带杂质；

（3）氨气温度低，导致一些杂质结晶（黄色晶种体）。

针对上述原因，可采取的应对措施包括：

（1）购买阻火器备件，发现堵塞及时更换处理；

（2）加装旁路，保证在阻火器堵塞时可通过旁路供氨，避免 NO_x 超标排放；

（3）严格把好液氨质量关，及时化验，尽量避免杂质进入阻火器引起堵塞；

（4）日常运行中，定期清理阻火器，停机状态应彻底清理，非停机状态可采用提高稀释风机压力进行疏通，对于堵塞比较严重的可采用压缩空气吹扫；

（5）引风机启动前启动稀释风机。

图4-4　阻火器

62. 尿素热解炉结晶的原因有哪些？

答：尿素热解工艺是在合适的温度（一般为 300～650℃），将尿素溶液喷入尿素热解炉后进行分解，而热解炉结晶是当前采用尿素热解技术的常见问题，其直接原因是喷入热解炉内的尿素溶液未能完全热解，而完全热解主要受到热解温度与尿素溶液雾化程度两个因素限制。具体原因主要有：

（1）热一次风（热二次风）中灰分含量过高。灰分含量高，容易导致灰分颗粒物与小粒径的尿素雾滴结合，形成大粒径的尿素、灰分混合颗粒物，大粒径混合颗粒物在旋转气流中结合越来越多的尿素雾滴，粒径越来越大，最终在热解室内无法分解、直接沉淀，形成结晶。

（2）雾化压缩空气的压力及品质不足。由于设备条件等原因，在工程应用中容易出现压缩空气压力不足、含有油污或杂质现象，导致尿素溶液雾化效果不佳。如雾化不充分，尿素液滴过大，则无法有效分解，从而会造成尿素结晶。

（3）热解炉本身设计不合理。温度和速度分布是热解炉设计最重要的因素，如炉内流速或温度不均匀，容易导致低流速、低温区尿素溶液不能充分热解，造成结晶。

（4）保温达不到热解系统要求。如尿素溶液管道保温不充分，导致尿素溶液在进入喷枪之前逐渐析出细小晶体，很容易在停机或间断运行时在喷枪通道内或喷嘴部位产生结晶，进而影响喷枪喷雾效果，造成严重结晶。

针对上述热解炉结晶原因，可采取的应对措施主要包括：

（1）降低热一次风中的飞灰含量。在工程应用中，应控制热一次风（二次风）中的灰分含量在 $100mg/m^3$ 以下。

（2）提高雾化空气品质。改进仪用压缩空气制备工艺，提高压缩设备规范标准，定期对仪用压缩空气进行抽样检测，确保雾化空气的压力、流量、品质达到设计值。

（3）合理化设计热解室。在设计热解室时必须进行 CFD 模拟，根据最佳流场、温度场分布条件，合理化设计引流装置，合理化布置喷枪的位置。

（4）做好热解炉本体和尿素溶液管道的保温。在运行维护中，要定期的比对热解炉本体和尿素溶液管道温度情况。

（5）建立热解系统运行维护制度。尿素热解炉出力及尿素溶液浓度应控制在设计能力范围内，避免因热解热量不足导致尿素结晶。定期检查喷枪与热解炉本体，重点注意尿素溶液压力、尿素溶液的流量、尿素溶液调节阀开度、雾化空气压力、雾化空气流量等，对喷嘴堵塞的尿素喷枪必须及时停运并更换喷嘴。

63. SCR 脱硝催化剂失活的原因有哪些?

答: 催化剂的活性是指催化剂加速 NO_x 还原反应速率的量度。催化剂活性与催化剂成分和结构、扩散速率、传质速率、烟气温度和烟气成分等因素有关。当催化剂活性降低时，会导致 NO_x 脱除效率降低，氨逃逸升高。

催化剂失活是指催化剂活性逐渐下降的过程。造成催化剂失活的原因很多，如图 4-5 所示，重金属元素（如氧化砷）引起的催化剂中毒、飞灰与硫酸铵盐在催化剂表面的沉积引起的催化剂堵塞、飞灰冲刷引起的催化剂磨损等等都会引起催化剂的失活。催化剂的失活是一个复杂的物理和化学过程，锅炉炉型、燃烧方式与燃烧器类型、燃料特性、催化剂特性等使催化剂失活的原因错综复杂，且各不相同。

在 SCR 脱硝装置建设时，可针对特定工程条件，对可能造成催化剂失活的因素进行特别考虑，有针对性地进行 SCR 脱硝系统的设计、催化剂的配方与结构等，可有效减缓催化剂的失活。需要说明的是，随着脱硝装置的运行，催化剂失活是难以避免的，但只要能够维持在正常的失活速率范围内，则是可以接受的。而

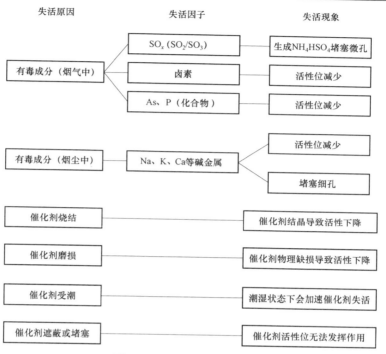

图 4-5　常见催化剂失活原因

当催化剂失活速率发生异常时，则需要及时分析失活原因，并采取针对性的措施，避免情况恶化。此外，针对某些失活情况，可通过再生使失活催化剂的脱硝活性得到一定的恢复，实现催化剂重复利用。

64. SCR 脱硝催化剂中毒的原因有哪些？

答：催化剂中毒是指反应物、产物或者杂质在催化剂活性位上发生强烈的化学吸附或者化学反应，从而导致催化剂活性位的反应能力下降。SCR 脱硝催化剂中毒主要分碱金属、碱土金属和重金属中毒三种。

（1）碱金属中毒是指烟气中含有的 Na、K 等和催化剂表面接触从而使催化剂活性降低。燃煤、燃油、燃用生物质或废弃物均会释放出碱金属，相对而言生物质中碱金属含量更高。烟气中的碱金属是水溶性的，具有很高的流动性，能够迁移到催化剂材料上，使催化剂中毒。对于大多数应用来说，避免水蒸气的凝结，可排除这类危险的发生。对于燃煤锅炉，由于煤灰中多数碱金属是不溶的，中毒风险较小；对于燃油锅炉，由于水溶性碱金属含量高，中毒风险较大；特别对于燃用生物质燃料的锅炉，由于水溶性 K 含量高，碱金属中毒非常严重。

（2）碱土金属中毒是指飞灰中自由的 CaO 和 SO_3 反应，吸附在催化剂表面，形成 $CaSO_4$，催化剂表面被 $CaSO_4$ 包围，阻止了反应物向催化剂微孔内表面的扩散，反应物无法在催化剂微孔内表面上进行 SCR 反应，从而引起催化剂的失活。

（3）重金属中毒包括砷中毒和铅中毒。砷中毒主要是由于烟气中的气态 As_2O_3 引起的。As_2O_3 扩散进入催化剂表面及堆积在催化剂的小孔中，然后在催化剂的活性位置上与其他物质发生反应，引起催化剂活性降低。液态排渣锅炉烟气中的砷浓度一般远远高于固态排渣炉，砷中毒的概率更大。由于氧化钙与气态氧化砷反应可生成稳定的钙–砷化合物 $Ca_3(ASO_4)_2$，煤中的钙在一定程度上可以减轻 SCR 催化剂的砷中毒。当灰中 CaO 的质量分数高于 2.5% 时，可以有效减弱砷对 SCR 催化剂的影响，其中游离 CaO 的量尤为重要。铅也是使 SCR 催化剂失活的毒物之一，特别是在垃圾焚烧电厂。铅沉积在催化剂表面会导致催化剂比表面积降低，总孔容减小，催化剂表面上 V^{5+} 数量减少，Brønsted 活性位的酸性降低，导致脱硝催化剂活性降低。

针对催化剂中毒的应对措施主要包括：

（1）针对特定煤质与烟气条件，调整抗中毒催化剂配方。

（2）设置预除尘装置和灰斗，降低进入催化剂区域的烟气飞灰量。

（3）加强吹灰频率，降低飞灰在催化剂表面的沉积。

（4）对于燃用高 Ca、As 煤项目，应适当加大催化剂量，增加催化剂的体积和表面积，或减少催化剂化学寿命，通过加快轮换确保脱硝装置性能。

65. 如何防止 SCR 脱硝催化剂烧结？

答：催化剂烧结一般是指催化剂在高温（有时还有特殊的气氛）情况下，经过一段时间后，载体的微观结构发生变化，如孔结构坍塌，比表面积急剧减小或负载的活性组分在高温条件下发生晶粒长大的现象，最终使催化剂老化逐渐失去活性，而且催化剂烧结导致的失活是无法再生的。

防止催化剂烧结的应对措施主要包括：

（1）提高催化剂本身的抗烧结能力，在催化剂中加入耐高温材料（如 WO_3）。

（2）避免催化剂在最高允许运行烟温之上运行（一般连续运行烟温为 420℃，短时运行烟温为 450℃）。在脱硝装置运行过程中应密切注意烟温变化，如果烟温高于最高允许运行烟温，应及时采取各种手段（降负荷等）降低运行烟温。

（3）在反应器结构设计时应当注意，不要造成积灰死角，造成大量碳粒集中沉积，形成火源点，在壁板和催化剂之间及催化剂模块之间装设屋脊状密封装置，可以有效避免灰尘的堆积和碳粒的聚集。

66. 如何应对锅炉启动时的油沾污？

答：锅炉启动时，煤或油不完全燃烧，会产生易燃物，这些易燃物会吸附或黏附在催化剂的表面上。正常情况下，锅炉停炉以及低负荷稳燃过程中燃用轻柴油时，燃烧比较完全。在锅炉冷炉启动过程中催化剂表面的油污会在锅炉负荷和烟气温度升高后被蒸发，对催化剂活性的影响在可以接受的范围内。但是如果在锅炉调试过程过长等情况下锅炉频繁启停，并且油枪雾化效果很差时，由于油的未完全燃烧，会造成较多的油滴沾污在催化剂的表面。附着在催化剂表面的油滴就有可能在更高的温度下燃烧，造成催化剂的烧结。

针对此问题可在设计和运行时采取以下预防措施：

（1）提高油枪雾化效果，例如采用蒸汽雾化。

（2）在锅炉燃烧系统启动调试的后期或者锅炉本体主要调试完成后再安装催化剂。

（3）严格按照锅炉制造商的锅炉启动手册启动锅炉，保证雾化压力和适当的燃油流量，确保油燃烧器的雾化质量和燃烧效率。

（4）适时吹灰，减少催化剂表面灰和油的污染。

（5）如有条件，可在设计或运行时考虑优化锅炉燃烧器的点火方式，采用等离子灯火、微油点火、富氧点火等点火方式，减少油污的产生。

如果在锅炉点火启动或者调试过程中，已经发现较长时间内燃油雾化以及燃烧效果很差，或者已经发现催化剂表面受到了油的沾污，就需要采取以下措施：

（1）立即查找油滴沾污的原因，然后采取相应的措施停止沾污在催化剂表面油滴量的继续增加。

（2）采取适当的措施防止反应器内催化剂温度继续增加。

（3）通过引风机等措施使用大量的惰性气体来冷却催化剂直到 50℃。尤其需要注意，在催化剂温度在 280℃ 以上时，禁止使用空气等可能增加反应器中氧量的气体来冷却催化剂。

可参照图 4-6 所示温升曲线采用分段加热的方法缓慢加热催化剂，使黏附在催化剂表面的油滴挥发，期间需要密切关注烟气成分（尤其是 CO）的变化。

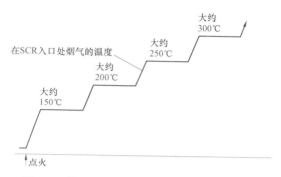

图 4-6　催化剂附着油污蒸发的标准温升曲线

67. SCR 脱硝催化剂积灰、堵塞的原因有哪些?

答：催化剂积灰、堵塞，一方面，会阻碍 NO_x、NH_3、O_2 到达催化剂活性表面，影响脱硝效率；另一方面，会扰乱反应器内部流场，造成催化剂入口流速分布不均，流速较低区域更易积灰，流速较高区域容易导致局部催化剂模块磨损加剧甚至发生催化剂磨穿、坍塌，严重影响催化剂的使用寿命，如图 4-7 所示。催化剂积灰、堵塞的原因主要有以下方面：

图 4-7　催化剂积灰堵塞

（1）大颗粒灰。当前 SCR 脱硝装置基本上均采用高尘布置，所以大颗粒灰堵塞是威胁机组安全稳定运行的重要因素。来自 SCR 反应器上游的大颗粒灰，包括爆米花灰（硬颗粒）、饼干灰（灰块）、绣皮、杂物等，由于催化剂的节距有限，这些大颗粒灰往往比催化剂的孔道要大，无法通过催化剂，会在催化剂表面日积月累，加剧催化剂积灰现象。

（2）灰量大。催化剂类型和节距选型时一个重要的参考因素是烟气中的灰分含量，当催化剂选型不当或灰分含量高于设计值，催化剂孔道过灰能力有限，容易导致堆灰。

（3）飞灰特性。飞灰粒径过小、飞灰中 K_2O、Na_2O 等碱金属氧化物含量较高对应飞灰黏性较大，会增加催化剂的积灰、堵塞风险。

（4）流场不均。当反应器内的流场不均匀时，局部区域流速过低导致飞灰携带能力变差，容易形成积灰，积灰常出现在反应器四周的位置，特别是靠近锅炉侧的位置。

（5）机组运行工况波动过大。机组负荷波动、调峰波动、运行控制的波动、煤质的波动、上游吹灰系统的波动等进行调整运行时，会引起烟气流场的波动，此时也容易造成积灰。

（6）机组深度调峰、低负荷运行。如果脱硝装置长期在低于 MOT 下运行，容易导致 NH_4HSO_4 沉积，附着于催化剂内部的微孔，形成黏性表面后进一步捕捉流经催化剂孔道的细小飞灰，加剧催化剂内孔的堵塞。

68. SCR 脱硝催化剂积灰、堵塞的应对措施有哪些?

答：针对催化剂积灰、堵塞现象，可采取的应对措施主要包括：

（1）合理进行脱硝系统设计，如加装适宜的大灰滤网、省煤器出口设置灰斗等，防止大颗粒飞灰进入 SCR 反应器。

（2）选择合适的烟气流速使其既能防止飞灰的沉积，又不致引起高的烟气阻力以及对催化剂的过度冲刷。

（3）选择适当的催化剂节距和开孔尺寸，防止催化剂堵灰。

（4）设置足够数量的吹灰装置，采用高效吹灰器，强化系统的吹灰效果，将沉积在催化剂表面的飞灰及时除去，确保催化剂通道畅通。

（5）利用停机机会及时清理积灰，对于催化剂堵塞切忌不可强行捅孔，以免造成催化剂损伤，可采用专业吸尘设备清孔，必要时可拆开催化剂模块对催化剂单元进行单独清理。

（6）利用数值模拟和冷态物理模型试验，优化脱硝系统导流元件的布置，避免局部流速过低以及回流等现象的出现，减少飞灰沉积的区域数量和面积大小。

（7）采取合适的提温措施，如省煤器烟气旁路、省煤器分级设置、省煤器流量置换等改造措施，确保 SCR 反应器温度维持在铵盐沉积温度之上，降低催化剂堵塞。

69. SCR 脱硝催化剂磨损的原因有哪些？

答：当前工程应用 SCR 脱硝技术绝大部分均采用高灰型布置方式，即将 SCR 反应器安装于省煤器和空气预热器之间，该区域的高温烟气中携带有大量的飞灰，烟气中的飞灰撞击催化剂表面是导致催化剂磨损的主要原因。另外，蒸汽吹灰器运行不当（喷嘴距离过小、蒸汽参数过高、不饱和带水、疏水不彻底等）也会对催化剂表面造成磨损。磨损会造成催化剂活性成分流失、化学寿命下降，同时磨损也会造成催化剂机械强度下降，引起蜂窝式催化剂的断裂、坍塌，进而影响脱硝装置稳定运行，如图 4-8 和图 4-9 所示。催化剂的磨损状况与烟气流速、气流偏角、飞灰特性（包括飞灰粒径分布、飞灰磨损特性、飞灰浓度等）以及催化剂本身的材料特性有关。

（1）催化剂本身机械强度不足，耐磨性能差。

图 4-8　某电厂催化剂磨损

图 4-9　某电厂导流板磨损

（2）反应器内设计烟气流速过高或分布不均匀，导致局部流速过高。

（3）催化剂磨损往往与堵塞现象同时出现，这是由于催化剂堵塞会导致通流面积的减小、烟气流速的加快，而磨损约与烟气流速的 3 次方成正比，因此会显著加剧催化剂的磨损。

（4）飞灰浓度越高，表明烟气中灰量越多，灰粒撞击的次数越多，催化剂磨损越严重。

（5）气流偏角越大，磨损越严重，而这一现象往往与导流板设置不合理或磨损有关。

（6）飞灰颗粒的动能与其大小成正比，飞灰颗粒越大，其对催化剂的磨损越严重。

（7）飞灰的化学组份中的 SiO_2 和 Al_2O_3 的比例越大，即飞灰硬度越高，则磨损越严重。

70. SCR 脱硝催化剂磨损的应对措施有哪些？

答：针对催化剂磨损原因，可采取的应对措施主要包括：

（1）通过选用优质原材料、调整催化剂配方、加强生产工艺控制、增加前端硬化长度等，提高催化剂耐磨性能。

（2）利用 CFD 流动模型优化 SCR 反应器流场，促使催化剂入口气流均匀分布。

（3）在垂直催化剂床层上游安装整流格栅，调整气流偏角，以便使流向催化剂的烟气尽量以直线进入催化剂通道从而降低磨损。

（4）对机组燃用煤种进行适当控制，尽量采用低灰分煤种以减轻催化剂的磨损。

（5）预防并及时处理脱硝反应器内的积灰、堵塞现象，避免由此引起的流场改变和通流区流速加大，加剧对催化剂的磨损。

71. 大颗粒飞灰如何应对？

答：飞灰是燃料燃烧过程中排出的微小灰粒。飞灰的粒径分布一般都是微米级的，有几微米的，几十微米的，也有几百微米的，一般都小于 1000μm。而大颗粒灰特别是"爆米花灰"，是一种低密度灰，具有疏松多孔、密度多小于水、外形不规则的特点，很容易达到 10mm 及以上的尺寸，多形成于锅炉受热面表面，较难通过烟道的扩展降低流速手段使其沉降，如图 4–10 所示。无论是蜂窝式催化剂还是平板式催化剂，大颗粒灰只要被烟气携带到催化剂表面，就很容易会导致催化剂的堵塞，一旦部分通道被堵塞，灰的堵塞面积会快速增加，致使 SCR 脱硝装置性能下降。

大颗粒飞灰可以通过安装大颗粒灰过滤系统来清除。为了防止大颗粒飞灰的堵塞，在脱硝系统设计中，发达国家的一般做法是在催化剂上游应用计算流体动力学技术优化设计灰斗、设置滤网等预除尘设备，以去除烟气中携带的大颗粒飞灰。省煤器灰斗优化主要借助计算流体动力学技术进行，通过优化灰斗外形，组织流场依靠惯性将大颗粒灰引至灰斗，将大部分大颗粒灰分离。在不具备对省煤器出口及灰斗外形进行优化的条件下，还可在省煤器灰斗出口和反应器上升烟道结合处设置大灰滤网，滤网下方设置灰斗，汇集拦截下来的大颗粒灰。另外在机组停运时，应及时清理掉大颗粒爆米花飞灰，防止灰颗粒沉积导致更多积灰。

图 4-10　大颗粒飞灰

72. SCR 脱硝催化剂受潮的原因有哪些?

答: 催化剂在生产、运输、储存过程中一般都会严格进行防潮处理，但实际中催化剂也会受潮，其原因主要有锅炉启动时烟气结露和锅炉爆管两方面。

烟气中含有水蒸气，当烟气温度降低时可能有蒸汽凝结，蒸汽也可能在遇到局部低温和区域性低温发生凝结。在锅炉点火时催化剂处于冷态的情况下，烟气通过反应器的时候会在催化剂表面结露，进而导致催化剂受潮。为避免结露，可采用空气加热系统对催化剂进行预热。在 SCR 脱硝系统停运时，催化剂也可采用空气加热系统进行保护，以确保反应器内空气的相对湿度处于较低的水平，让催化剂在 SCR 脱硝系统停运时不发生寿命损耗。

锅炉爆管时会有大量的蒸汽进入烟气，进而流经催化剂。在爆管时由于烟气温度以及汽水侧工质的温度都很高，烟气的相对湿度很小，在烟气温度下降以前，对催化剂寿命的损耗几乎没有影响。但锅炉爆管后一般会采取一系列停炉措施，如果在汽水侧疏水、卸压、降温完成以前，通风温度先行降得太低，爆管泄漏处就会有大量的蒸汽进入低温空气，使空气相对湿度过大甚至局部出现水滴，在较短的时间内造成催化剂较大的寿命损耗。因此在没有反应器旁路的情况下，必须保证发生爆管以后，及时对汽水侧进行疏水和卸压操作，以减少和终止烟气中含湿量的增加，并在泄漏处还有大量蒸汽喷出的情况下，保证反应器入口烟气或者空气的温度不要太低，必要时可在炉膛投入燃料进行加热。锅炉爆管时还应进行以下操作及检查：立即停炉——停止喷氨——检查氨截止阀是否关闭——排出烟道和灰斗里的积水——强制冷却到 120℃并自然通风——反应器冷却后检验催化剂状态。

73. SCR 脱硝催化剂加装/更换方式与量应如何确定？

答：一般来说，在以下两种情况下需要考虑脱硝催化剂的加装/更换：① 由于脱硝装置高灰布置，随着运行时间的推移，在中毒、堵塞、磨损等多重作用下，催化剂性能逐步发生衰减，直至达到临界值，即无法满足设定的性能保证要求；② 由于边界条件发生变化，例如燃煤条件发生变化导致锅炉 NO_x 生成浓度明显偏离设计值，或由于排放标准提高，要求脱硝装置出口 NO_x 浓度降低，即脱硝效率提高。

对于第一种情况，一般除第一次需要加装备用层催化剂外，以后就逐层更换催化剂即可，每次更换的是服役时间最长、活性最低的一层催化剂。如图 4–11 所示，考虑到反应器荷载、吹灰器高度、催化剂活性充分利用、再生轮换便利性等因素，每次的加装/更换量原则上应保持一致。

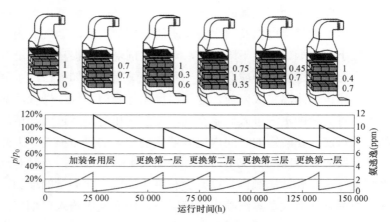

图 4-11　"N+1"催化剂加装/更换示意图

对于第二种情况，为尽可能减少工程投资、充分利用现有催化剂剩余活性，在加装/更换方式上，原则上应尽量通过单层加装/更换来实现性能要求。而对于加装/更换量，主要有三种方案可选：

（1）与原单层量一致；

（2）通过加装/更换实现催化剂化学寿命 24 000h；

（3）按新边界条件重新核算催化剂初装量，并以单层量作为加装/更换量。

如图 4-12 所示，数字代表催化剂剩余活性，从中可以看出，随着后续逐步轮换，方案一和方案二均无法实现更换量的统一，相应导致催化剂模块高度与荷载不一致，每次更换催化剂均需校核催化剂荷载和调整吹灰器高度，且不利于催化剂剩余活性的充分利用。而采用方案三，催化剂化学寿命到期后每次更换的催化剂量一致，从长期的催化剂轮换角度考虑，实现了催化剂的规律轮换，更能充分利用催化剂的剩余活性，催化剂管理也更为方便，因此一般建议采用方案三作为加装/更换方案。当加装/更换单层催化剂不能满足性能要求时，则需要综合考虑多层加装/更换量，再确定具体方案。

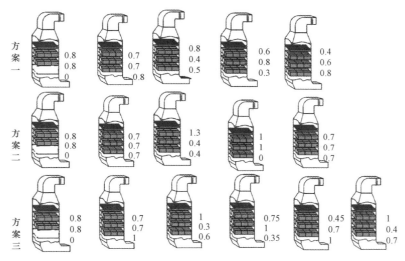

图 4-12　提效改造催化剂加装/更换示意图

此外，当前也有不少研究提出新的催化剂更新策略和优化方案，例如催化剂层统一再生方案、催化剂再生备用方案、催化剂再生-调换等方案。

总体而言，考虑到环保要求日益紧迫、后期催化剂更换经济性与管理简易性等因素，催化剂加装/更换时一般建议选型上与原机组催化剂保持一致，用量上要根据现有催化剂检测结果、摸底评估试验结果以及后期要求保证的性能要求综合考虑，方式上要最大程度利用原有催化剂活性并实现后期经济运行成本最优。

74. SCR 脱硝催化剂再生的条件是什么？

答：催化剂的寿命分为化学寿命与机械寿命。当催化剂的化学寿命到期后，需要及时进行催化剂总体活性的提升以满足脱硝性能要求，除加装或更换外，催化剂再生也是被广泛采用的活性提升方法，通过再生能够最大限度的发挥催化剂的使用寿命。据相关催化剂公司介绍，奥地利 Mellach 电厂一台 300MW 机组燃用波兰烟煤，SCR 脱硝装置于 1986 年投运，设计脱硝效率 80%，氨逃逸控制在 2ppm 以下，一层初装催化剂通过反复再生，实际使用寿命达到了 21 年（运行时间超过 120 000h）。

通过催化剂性能检测，能够确定各种失活催化剂的失活原因，对于不同原因导致失活的催化剂可采用相应催化剂再生方法以恢复活性，例如常规积灰、孔道堵塞可通过物理清洗疏通催化剂孔道、恢复催化剂比表面积；化学性中毒、活性组分流失等可通过活性组分负载重新恢复催化剂活性。但催化剂再生的前提条件是催化剂的机械强度保持良好，能经受再生操作过程，可以使用现有再生手段再生，且再生后的催化剂机械强度能够满足后续运行要求。而如果催化剂的机械强度丧失，例如发生坍塌、磨损、烧结等，则无法进行再生，需要进行废弃催化剂的处置。一般而言，可再生的标准包括催化剂模块框架未损坏与变形，板式催化剂活性物质脱落面积小于 10%，蜂窝式催化剂实际壁厚不小于原壁厚的 90%，迎风端完好，边缘损伤较小，无明显烧结、受潮现象等。

75. SCR 脱硝催化剂的再生包括哪些内容？

答：随着使用时间的推移，烟气中的粉尘会使催化剂产生堵塞或钝化，烟气中含有的多种化学元素会使催化剂化学活性不断衰减，从而使催化剂失活。针对失活催化剂可采用再生方式恢复其活性，再生除了对孔道或覆盖层堵塞极其严重的催化剂进行物理清洗和活性恢复，同时也要从化学上复活中毒或失活的催化剂。

催化剂再生首先需要遵循一定的标准判断催化剂能否再生以及催化剂可再生率，然后通过再生模拟实验确定具体实施方案，再进行具体工程实施，实施完成后还需进行效果评估。典型的催化剂再生工艺主要包括以下内容：

（1）制定再生工艺方案。经过实验室检测分析，制定出最佳的再生方案。

（2）预处理。清除废催化剂表面浮沉和孔道内积灰。

（3）物理化学清洗。将表面沉积物全部清除，打开所有孔道和微孔，使比表面积得到复原，同时附着在活性位上的化学中毒物质也被清理干净，使活性得到恢复。

（4）中间热处理。将经过物理化学清洗的催化剂进行干燥，清除催化剂孔内的水分，以便催化剂活性组分的植入。

（5）活性植入。将活性组分均匀有效地负载在催化剂上，恢复催化剂的活性。

（6）最终热处理。在 400℃以上的温度中，对经过活性植入的催化剂进行干燥和煅烧，使活性物质全部固定在催化剂中。

（7）质量检验。经再生处置后的烟气脱硝催化剂，按照相关标准进行检验，保证其满足烟气脱硝催化剂要求及国家有关规定。

（8）包装入库。经检验合格的催化剂经过重新组装后，储存在符合要求（防潮、通风、保温）的储存车间等待使用。

76. SCR 脱硝催化剂再生的经济性如何？

答：通过催化剂的再生能够重复利用现有催化剂，实现降低脱硝装置运行成本的目的。但在实际应用中，需要综合评估购买新催化剂的费用、现有催化剂再生的费用以及再生后催化剂可达到的性能，通过一个使用寿命期的催化剂费用比较以及综合考虑对脱硝装置稳定、高效运行的影响，来确定催化剂再生的经济性与可行性。

此外，需要说明的是，催化剂再生应以现有催化剂剩余活性已被充分使用为前提，例如当前部分发电企业当初装 2 层催化剂化学寿命到期后即安排全部再生，这样做能够减少加装备用层催化剂所带来的阻力增加，更有利于控制脱硝装置的 SO_2/SO_3 转化率，但如图 4-13 所示,此时初装 2 层催化剂仍有 70% 的剩余活性未被充分利用,完全可以通过加装一层备用层催化剂继续使用,待 3 层催化剂化学寿命到期后再安排单层催化剂再生,从而确保每层催化剂在剩余活性被充分利用的前提下再进行再生,实现催化剂运行效益的最大化。因此上述直接再生方法可能针对特定项目具备经济性与合理性,但其与 SCR 脱硝设计的 "$N+1$" 催化剂运行模式的初衷是相违背的。此外催化剂再生过程往往对催化剂机械性能产生不利影响,因此频繁再生不利于催化剂的长期重复利用,从国外已成熟应用的催化剂管理模式来看,一般不推荐采用此方式。

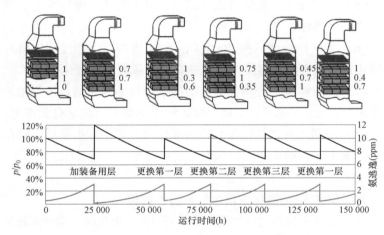

图 4-13 "$N+1$" 催化剂加装/更换示意图

77. SCR 脱硝催化剂报废应执行哪些程序?

答:当脱硝催化剂寿命到期需要进行报废,应委托第三方技术服务单位进行催化剂综合评估,具体报废程序包括以下步骤:

(1) 资料收集。即收集脱硝催化剂样品对应机组的运行数据和催化剂相关资料,包含机组运行的烟气条件、工况负荷以及样品同批次催化剂的检测、更换和再生等相关报告。

（2）现场检查。项目单位与第三方技术服务单位应对脱硝反应器内催化剂的整体情况进行检查、评判，包括积灰、磨损、堵塞、破裂、腐蚀、变形、烧结等外观情况，检查应涉及催化剂的每一个模块，形成检查报告并由双方共同签字确认。对外观状态不能满足催化剂再生要求的，则直接进入报废环节。

（3）抽样检测。对于现场检查未排除的催化剂进行随机抽样，然后进行实验室检测，根据检测指标判定是否直接报废或进入再生环节，对于再生后的催化剂也需进行性能指标检测，根据检测结果判定催化剂再生的可行性与经济性，最终决定是否进行催化剂报废。

78. SCR 脱硝催化剂报废的处理要求有哪些?

答： 根据环保部《关于加强废烟气脱硝催化剂监管工作的通知》（环办函〔2014〕990 号）要求，"鉴于废烟气脱硝催化剂（钒钛系）具有浸出毒性等危险特性，借鉴国内外管理实践，将废烟气脱硝催化剂（钒钛系）纳入危险废物进行管理"，因此报废催化剂应慎重进行相应处置，相关处理要求如下：

（1）报废催化剂应进行备案登记，详细记录催化剂型式、体积量、各指标检测结果。

（2）催化剂使用单位应为报废催化剂配套建设暂存场所，并设置危险废物识别标志。

（3）报废处理应以减量化、资源化和无害化为目标，委托具有资质的危废处理机构进行处理，积极采用最佳可行技术。

（4）报废催化剂运输单位应当如实填写联单的运输单位栏目，按照国家《危险废物转移联单管理办法》的规定，将危险废物安全运抵联单载明的接受地点，并将五联单随转移的报废催化剂交付报废催化剂接受单位。

根据当前行业内的技术研究与应用情况，催化剂报废处理主要方法如下：

（1）填埋处理。采用安全填埋技术时，应在填埋前进行稳定化/固化处理等预处理，并经破碎密封入混凝土中，由具备资质的危险废弃物填埋处理厂填埋处理。

（2）返厂处理。报废催化剂返回具有危险废弃物处理资质的催化剂厂进行处理，可作为原材料进行新催化剂生产，但须严格控制添加比例。

（3）与煤混烧。将报废的催化剂研磨后与燃煤混合进行燃烧，经热解后与粉煤灰一起进行处置。

（4）资源利用。通过各种物理、化学方法把报废的催化剂中有用的金属材料提取出来循环利用。

79. 在役催化剂 SO_2/SO_3 转化率超标是否对应化学寿命到期？

答：当前行业内普遍认可脱硝效率、氨逃逸浓度、SO_2/SO_3 转化率是脱硝催化剂的三大性能保证值，且相互融合为一个整体，任一指标不达标即可判定催化剂不合格或化学寿命到期。

大量在役催化剂的检测结果显示，通常随着运行时间的延长及催化剂活性的降低，催化剂的 SO_2/SO_3 转化率也会逐渐降低，但也有个别项目出现升高现象，究其原因有可能是由于烟气中能够促进 SO_2 氧化的成分（如 Fe_2O_3、碱金属）沉积在催化剂表面所导致。

在实际工程应用中，SO_2/SO_3 转化率指标主要用于控制新催化剂的质量，而由于其在实际运行中不可控，且对于脱硝装置及其他设备运行的影响相对氨逃逸较小，故主要采用脱硝效率、氨逃逸及衍生指标来判定催化剂化学寿命是否到期，而 SO_2/SO_3 转化率指标建议作为辅助判定指标。

80. ABS 问题的应对措施有哪些？

答： SCR 脱硝的一项主要负面影响就是逃逸的 NH_3 与 SO_3 反应生成 NH_4HSO_4（即 ABS）黏附在下游设备上，造成下游设备的堵塞、腐蚀、效率降低等问题。根据美国 EPRI 研究结果，当 SO_3 浓度为 2～3ppm、NH_3 逃逸浓度大于 2ppm 就有可能出现 ABS 现象。

针对此问题的应对措施主要有以下两方面：

（1）被动应对。即通过加强空气预热器吹灰、冲洗、提高排烟温度甚至通过改造来解决，例如当前相关厂商推出的新型吹灰器是通过提升吹灰能力将生成的 ABS 清除；新型换热元件波型是通过改变换热元件型式，从而更有利于吹灰装置清除生成的 ABS；空气预热器冷端加热技术是通过采用引热烟气加热冷端换热元件等方式提升冷端温度，从而降低 ABS 生成高度、减少 ABS 生成量；部分发电企业积极探索的低负荷单列烟道运行技术也是通过低负荷工况下将空气预热器单列烟道运行，从而提高空气预热器排烟温度，达到类似冷端加热技术的效果。但需要说明的是，上述方法均是被动应对 ABS 生成，只能临时或局部而无法系统性解决 ABS 问题，虽然在空气预热器部分避免或减少了 ABS 生成，但尾部设备仍将面临 ABS 问题。

（2）主动应对。即从 ABS 生成机理角度出发，控制 SO_3 与 NH_3 逃逸浓度。但在实际运行中，针对 SO_3 控制，由于其燃烧生成机理较为复杂导致难以在燃烧阶段进行有效控制，通过催化剂选型与配方调整虽有一定效果但也较为有限，而特定的 SO_3 脱除技术仍存在运行成本较高的问题。此外，由于在当前常规燃煤烟气中，SO_3 浓度远大于 NH_3 逃逸浓度，对于 ABS 生成温度与生成量影响较大的是 NH_3 逃逸浓度而非 SO_3 浓度，因此当前相对主动且较为有效的控制手段是氨逃逸控制，这也已成为当前 SCR 烟气脱硝装置运维管理的核心。

81. SCR 脱硝氨逃逸控制注意事项有哪些？

答：SCR 脱硝控制氨逃逸的注意事项及手段主要包括以下几点：

（1）在脱硝运行中应将氨逃逸控制作为首要目标，切忌仅控制出口 NO_x 浓度而忽视对氨逃逸与氨耗量情况的关注，在流场不均匀、催化剂性能下降时盲目通过增大喷氨量来控制 NO_x 浓度维持在较低水平，将直接导致氨逃逸大量增加。

（2）确保 SCR 脱硝装置运行在设计条件范围内，例如入口 NO_x 浓度超出设计值，为确保出口达标排放往往导致脱硝效率超出性能保证、脱硝装置超出力运行，进而导致氨逃逸浓度超标；另外，当入口烟温低于催化剂最低连续运行烟温时，将导致 ABS 在催化剂微孔内生成，降低催化剂活性，进而导致氨逃逸浓度超标。

（3）日常运行中加强对氨逃逸浓度的监测，虽然当前氨逃逸在线监测仪器普遍存在准确性不足的问题，但仍应加强维护确保其能够指示氨逃逸变化趋势，此外还可通过定期分析飞灰中的氨含量以指示氨逃逸浓度变化情况。

（4）通过定期/不定期工作确保脱硝装置运行在健康水平，如通过定期的反应器内部检查确保反应器内流场稳定，必要时进行流场调整，通过定期喷氨优化调整确保喷氨的均匀性，通过定期/不定期脱硝装置性能评估，了解脱硝装置运行性能，确保 NO_x 排放浓度与氨逃逸浓度均能够满足要求。

（5）通过定期/不定期检测评价，掌握脱硝催化剂运行状态，确保脱硝催化剂在其化学寿命期范围内，必要时及时开展催化剂添加/更换/再生等管理工作。

82. 从运行调整角度如何实现宽负荷脱硝？

答：在实际脱硝运行中可根据脱硝催化剂的 MOT、MIT、ABS 温度特性，进行适当调整以实现低负荷工况下的脱硝投运，调整手段主要包括以下两方面：

（1）从锅炉运行调整角度。针对 SCR 脱硝系统中低负荷工况下入口烟温偏低情况，通过改变磨煤机运行方式、磨煤机风粉分配特性、锅炉配风方式、燃烧器摆角及锅炉整体运行氧量等措施，牺牲一定的锅炉经济性，来提高低负荷工况下省煤器出口烟气温度。以某电厂 1000MW 机组为例，在 500MW 负荷条件下，通过采取提高上层磨煤机出力、降低下层磨煤机出力；适当降低磨煤机出口温度，推后风粉着火点；提高送风温度，冬季及时投入暖风器；适当增加送风量、提高炉膛负压，上移火焰中心；适当开大再热器侧烟气挡板，关小过热器侧烟气挡板等措施，SCR 入口烟温由约 295℃ 提升至约 315℃，实现了宽负荷脱硝。

（2）从脱硝运行调整角度。通过喷氨调整优化试验实现脱硝装置高效运行，减少系统喷氨量，从而提高 NH_4HSO_4 生成温度；分析特定烟气条件下的 NH_4HSO_4 沉积及分解规律，指导机组负荷调配与脱硝投运控制，实现低负荷下 MIT 至 MOT 运行再到高负荷进行催化剂活性恢复，消除 NH_4HSO_4 沉积影响，从而实现 SCR 脱硝系统宽负荷投运。以某电厂 600MW 机组为例，催化剂厂家的性能保证 MOT 为 320℃，在机组夜间 50%负荷运行时，烟温降低至 305℃，导致脱硝退出运行，经专家诊断机组实际运行条件（燃煤条件、低负荷脱硝入口 NO_x 浓度、机组负荷历史曲线、可调配空间等），提出了一整套低负荷 SCR 脱硝运行方式，当前已稳定运行近 2 年时间，未出现明显不利影响。

此方式的优点在于无需技术改造，能够节约改造投资；缺点在于对运行人员技术水平有一定要求，烟温调整幅度较小（一般在 20℃ 以内），因此应用范围有限，且锅炉燃烧调整需要牺牲一定的经济性。

83. 如何应对 SCR 脱硝出口与烟囱入口 NO$_x$ 浓度"倒挂"现象?

答：当前部分电厂在 SCR 脱硝运行过程中出口 SCR 脱硝出口与烟囱入口 NO$_x$ 浓度"倒挂"现象，尤其是超低排放改造后，此现象更为频繁出现。如图 4–14 所示，某电厂 2 号机组 SCR 脱硝出口 A、B 侧 NO$_x$ 浓度分别为 91mg/m^3 与 102mg/m^3，而烟囱入口则为 152mg/m^3。也有电厂出现烟囱入口 NO$_x$ 浓度低于 SCR 出口现象。此时如根据 SCR 脱硝出口 NO$_x$ 浓度控制喷氨量，则有可能导致喷氨量偏差，出现氨逃逸超标或者 NO$_x$ 排放浓度超标的问题；如根据烟囱入口 NO$_x$ 浓度控制喷氨量，则可能由于测量延时（可达 1～3min）导致不能及时反馈实际喷氨需求量，喷氨量随机组运行工况变化的调节能力较差。

针对上述"倒挂"现象，如是监测仪表设备故障或设备安装位置不符合规范要求所导致，则应尽快排除故障或按照《固定污染源排气中颗粒物和气态污染物采样方法》（GB/T 16157）对于采样位置"直管段下游不小于 6 倍直径及上游不小于 3 倍直径"的要求重新设置采样点；此外，出现此现象的一个重要原因是 SCR 脱硝反应器出口 NO$_x$ 浓度场分布不均所导致。针对此问题，一方面，考虑到经过除尘、脱硫等设备"整流"后，烟囱入口 NO$_x$ 浓度场一般较为均匀，实际运行中仍应根据烟囱入口 NO$_x$ 浓度值进行运行控制；另一方面，应尽快委托检测单位或自行对反应器出口 NO$_x$ 浓度场进行网格化检测，根据检测结果重新布置在线仪表采样点，确保 NO$_x$ 在线监测数据的代表性。此外，当前部分发电企业通过设置多点取样装置，然后进行混合取样测量，也能够有效解决上述"倒挂"问题。

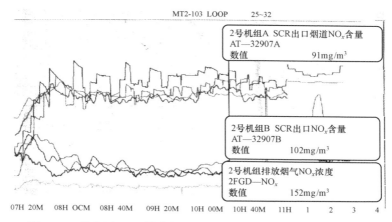

图 4-14　某电厂 SCR 脱硝出口与烟囱入口 NO_x 浓度 "倒挂" 现象

84. SCR 进出口在线温度偏差的原因是什么？

答： SCR 烟气脱硝系统稀释风一般采用常温空气，温度一般在 0～40℃范围内，较烟气温度低 300℃以上，因此混合稀释后形成的含氨混合气通过喷氨装置进入 SCR 烟气脱硝系统后会使烟温降低。满负荷工况下，稀释风量约为脱硝烟气量的 0.4%，能使烟温约降低 1℃；低负荷工况下，烟气量减少，但稀释风量基本不变，能使烟温约降低 3℃。此外，由于脱硝系统中高温烟气呈负压状态，势必存在漏风与散热导致烟气温度下降，而 SCR 脱硝化学反应是一个微放热过程，其对烟温的提升作用极小。因此，工程设计中一般将 SCR 系统温降指标控制在 3℃以内。

实际脱硝工程中，由于 SCR 系统烟道保温不到位、局部漏风较大和测温元件插入烟道深度较浅等原因，会出现温降超标甚至达到 10℃。在少数工程项目中，在线烟温数据会出现 SCR 出口温度高于入口温度的 "倒挂" 现象，这主要是由于烟道截面温度偏差较大、测温元件代表性不高所致。在尾部受热面吸热不均以及竖井烟道为双烟道的锅炉中较为常见。

85. 如何应对氨逃逸在线监测不准问题？

答：氨逃逸是反映燃煤电厂脱硝系统运行性能状况的关键参数，其控制不当将会导致空气预热器堵塞腐蚀、氨气吸附在飞灰中造成环境污染、液氨损耗影响企业效益等问题。然而在实际运行中受催化剂性能、烟气条件波动、流场偏差、NO_x 控制滞后性以及喷氨系统调节灵敏度等因素的影响，往往造成氨逃逸运行超标。因此，准确监测氨逃逸浓度，是进行脱硝装置安全、稳定、高效运行的重要保障。

当前国内工程应用中的氨逃逸在线监测系统根据测量原理主要有可调谐二极管激光吸收谱法（TDLAS）、催化转换法、化学发光法、傅里叶红外法、化学比色法等，主流氨逃逸在线监测仪表对比见表 4–3。

表 4–3　　　　　　　　　主流氨逃逸在线监测仪表对比

供货商	型号	测量原理	主要技术特点及指标
SICK（西克）	GM700	直接测量+TDLAS	实时、直接测量，无需抽取；可调谐二极管激光光谱、永久高精度；无需吹扫空气单位、可用标气检验；测量点安装方便；操作方便，维护费用小，快速简单；可靠性高
SIEMENS（德国西门子）	SIEMENS/LDS6	直接测量+TDLAS	采用原位测量方式（斜对角安装），直接在安装点完成分析。无需采样、样气输送、预处理系统等，响应速度可达 1s。基于 TDLAS 技术，以光谱吸收原理为基本，实现快速的高精检测。量程：0～10ppm（可调）；精度：<2%；线性：<1%
ABB/厦门格瑞斯特	AO2000–LS25	直接测量+TDLAS	为了提高灵敏度，采用了波长调制技术
挪威 NEO	Laser Gas Ⅱ	直接测量+TDLAS	采用不带光缆的一体式全独立设计。采用"单线光谱"和二次谐波检出技术，避免了其他组分的交叉干扰。最低检测限：0.15ppm；零点漂移：<1%FS/6 个月；量程漂移：<2%FS/6 个月；线性：±1%满量程
聚光科技	LGA4500	旁路抽取式+TDLAS	采用半导体激光吸收光谱技术的旁路气体分析系统。采用热法处理和分析，旁路处理装置无运动部件，可靠性高；系统环境适应能力强

供货商	型号	测量原理	主要技术特点及指标
赛默飞世尔（美国）	17i	稀释抽取法+化学发光法	利用化学发光技术。量程 0–20ppm（可调）；最低检出限：1ppb；零点漂移：＜1ppb/24h；跨度漂移：±1%量程；响应时间（0～90%）：120s；精度：±0.4ppb；线性：±1%满量程；采样流量：0.6L/min
日本 Horiba	ENDA–C2430	抽取式+化学发光法	采用抽取式催化反应调制型交替流动化学发光法。所有监测均通过同一测量池监测得出，克服了不同测量池检测产生的系统误差。参比气体（零气）交替测量，克服了零点飘移问题
华创泰博/格林（上海）公司	HTB–6300	高温抽取法+TDLAS	测量量程：0～10ppm；示值误差：±2%F.S；重复性：±2%F.S；响应时间：≤90s；零点漂移：2%F.S./7d；量程漂移：2%F.S./7d；样气流速：1.5±0.1L/min
英国仕富梅	servomex 2930	直接测量+TDLAS	采用了波长调制技术。测量量程：0～15ppm；检出极限：0.15ppm；光路 0.5～20m；响应时间：≤2s；环境温度：−20～65℃
北京华科仪	HK–7501	抽取法+化学比色法	采用化学比色法，180～250℃全程高温伴热取样。量程：0～10ppm；检测下限：0.05ppm；重复性：1%F.S；漂移：可忽略；线性误差：＜1%F.S；测量周期：6～20min；取气流量：0～5L/min

　　但在实际工程应用中，氨逃逸监测因其逃逸量极低、吸附性极强、易与 SO_3 反应、极易溶于水以及受振动、高含尘工况等因素的影响，准确监测极为困难。传统电化学、红外和紫外等常规方法准确性难以保证，基于 TDLAS 原理的监测技术由于适用性较强，得到了广泛应用。基于 TDLAS 原理的三种具体测量方式中，原位测量代表性好、吸附少，但受环境、设备、工况影响较大；抽取式和渗透管式对氨气吸附性较大，测量数值难以准确反映真实值。此外由于通常采用单点测量，氨逃逸测量准确性不仅与仪表运行状况有关，也与流场的均匀性有关。

　　鉴于上述情况，发电企业应在加强维护、确保氨逃逸在线监测仪表正常运行的基础上，结合出口 NO_x 浓度、氨耗量、空气预热器压差等在线参数变化，综合判定氨逃逸情况。如具备条件，可参考 DL/T 1494—2016《燃煤锅炉飞灰中氨含量的测定　离子色谱法》，对飞灰中的氨含量进行定期监测，以此判断氨逃逸变化情况。

SCR 烟气脱硝装置技术服务

86. 为何要开展 SCR 烟气脱硝技术服务工作？

答： SCR 烟气脱硝装置在实际运行工作中需要发电企业运维人员调节控制的操作相对较少，但由于其问题的隐蔽性造成其运维看似简单实则难度较大，客观上亦存在氨逃逸测量不准、脱硝催化剂或流场等相关问题较为复杂等现实，这些都给燃煤电厂脱硝装置的安全、经济运行带来严峻考验。另外，在脱硝工程设计与催化剂选型设计中，催化剂的性能与预期寿命是根据设计边界条件以及性能保证值来确定的，而在实际运行中受燃用煤种、机组负荷工况等因素影响，上述条件往往偏离设计条件，此时催化剂的实际使用寿命也会发生变化，需要在运行过程中根据实际情况进行调整优化，而此工作对专业化设备及人员技能水平要求均较高。因此在 SCR 烟气脱硝运行过程中，需要请专业机构协助解决上述问题，即需要开展技术服务工作。

通过开展 SCR 脱硝装置技术服务工作，能够及时发现脱硝装置运行问题，在此基础上进一步分析原因，相应提出预防与解决措施，及时进行优化调整，将问题消除在初期，同时可以对催化剂的寿命进行有效管理，提出针对性的催化剂更换/再生/回收/处置方案，从而降低脱硝装置运行成本、延长脱硝催化剂寿命，确保脱硝装置维持在安全稳定高效的运行状态，提升发电企业环保设施健康水平，降低环保风险。

87. 发达国家如何开展 SCR 脱硝技术服务?

答: 自 1977 年在日本 Shimoneski 电厂建成投运全球第一个 SCR 脱硝系统示范工程以来, SCR 脱硝技术在国外发达国家取得了广泛的应用。由于工业应用时间较长, 国外发达国家针对 SCR 脱硝系统在长期运行过程中相继出现的诸多问题, 已建立了一整套先进的 SCR 脱硝装置技术服务模式, 即通过定期的脱硝装置性能评估与运行优化(围绕氨逃逸控制开展)以及催化剂的检测、寿命评估、补充/更换/再生/回收策略制定等管理服务, 确保脱硝装置运行在稳定、高效水平, 最大程度的发挥催化剂的潜力, 节省 SCR 脱硝的运行成本。

目前国外提供 SCR 脱硝装置技术服务的既有催化剂生产厂商, 如美国的 Comertech 公司, 也有催化剂再生企业, 如美国的 Coalogix 公司, 还有电力企业本身, 如德国意昂公司(E.ON)、日本 PET 公司。

以美国 CoaLogix 公司所开展工作为例,是以催化剂再生为核心, 提供脱硝催化剂的管理服务工作, 其内涵包括催化剂的寿命管理/优化配置与布置/再生/回收工作以及针对脱硝装置故障进行相应的设计优化与设备优化工作。据了解, 欧洲与美国的脱硝催化剂普遍再生 3 次以上, 最高达到 10 次, 这也是建立在脱硝装置的长期稳定健康运行之上的, 需要对脱硝装置进行高效的管理。需要说明的是, 催化剂再生技术在欧洲与美国有广泛应用, 而在日本仍以寿命到期回收为主。

以日本 PET 公司为例, 其脱硝技术服务模式主要包括定期的现场性能试验(常规为每年 1 次)、催化剂性能测试(常规为每两年 1 次)与不定期的脱硝装置健康诊断试验(脱硝装置发现问题时进行)。关于脱硝技术服务的核心问题——催化剂寿命评估, PET 采用的方法是将催化剂试验与现场性能试验相结合, 通过催化剂试验预测并指导现场性能试验, 评估脱硝装置的性能, 通过现场性能试验预测性能超标时间（即催化剂调整时间），从而有计划地进行脱硝装置检修维护与催化剂更换。具体方法是先在实验室将采集到的催化剂样品进行脱硝性能测试，根据此结果预测脱硝装置实际性能。现场脱硝性能试验是对这一预测的验证，如不一致则需要分析催化剂试验或者现场脱硝装置存在的问题，如一致则再用现场性能试验的结果预测催化剂寿命。最终可将更换周期内的现场氨逃逸测试结果拟合为一条曲线，通过预测氨逃逸超标的时间点来确定催化剂调整时间。除氨逃逸外，还需结合空预器运行状况、停机检查结果等进行综合判断。

需要说明的是，尽管国外 SCR 脱硝运行管理技术较为成熟，但与国外相比，我国动力用煤品质差别大，煤种供应不稳定，且脱硝效率、机组运行方式及运行参数等均存在较大差异，SCR 脱硝装置的运行条件更为恶劣，故生搬硬套国外技术绝非上佳之选，必须走符合我国国情的脱硝技术服务之路。

88. SCR 脱硝装置技术服务包括哪些内容？

答：对于新建 SCR 烟气脱硝装置，技术服务内容主要是对脱硝催化剂进行出厂检测评价以及对脱硝工程进行性能考核试验、后评估等。脱硝催化剂出厂检测评价是通过对出厂催化剂进行随机抽样，对催化剂物理、化学、工艺特性指标进行检测，进而评判催化剂质量能否满足工程安装要求，为脱硝工程把好催化剂质量关。脱硝工程性能考核试验是按照工程性能保证与行业标准规定，在设计条件下对脱硝装置主要性能指标（主要包括脱硝效率、氨逃逸、SO_2/SO_3 转化率、氨耗量、氨氮摩尔比、系统压力损失、烟气温降等）进行考核，确保各项指标达到性能保证要求，工程质量过关，从而为后续正常运行打下良好基础。脱硝工程后评估是在工程投运一段时期后，对项目在技术、经济、环境、社会各项指标上产生的效果及其影响进行综合评价。

对于在役 SCR 烟气脱硝装置，脱硝装置的问题主要集中在脱硝效率低、NO_x 超标排放、氨逃逸浓度超标、NO_x 浓度场分布不均、空气预热器阻力增加、反应器及催化剂积灰、脱硝装置系统压差大、催化剂性能不达标、催化剂活性衰减快、催化剂寿命短、催化剂磨损严重等。技术服务内容主要包括定期或不定期对脱硝装置开展评估试验、诊断试验、优化试验、在役催化剂性能检测、催化剂寿命管理等，即通过评估试验掌握脱硝装置性能状态，及时发现问题；当出现问题时，通过诊断试验及时查找原因；针对部分脱硝装置运行问题（如氨逃逸超标、流场不均等），通过优化试验进行解决；通过定期开展催化剂性能检测，掌握催化剂活性衰减情况，结合评估试验结果预估催化剂剩余寿命，制定催化剂加装/更换/再生/处置方案，开展催化剂寿命管理工作。

89. 开展 SCR 脱硝技术服务的性价比如何？

答：发电企业开展上述 SCR 脱硝技术服务工作，需要支付给技术服务单位一定的技术服务费，但总体而言，相对于所支付的技术服务费，上述技术服务为发电企业所带来的催化剂寿命延长、还原剂耗量降低、脱硝及空气预热器运行阻力降低等收益更为可观，此外还可避免因设备故障导致的机组强迫降负荷或停机风险以及超标排放导致的环保风险。特别是对发电企业集团统一开展 SCR 脱硝技术服务，实施催化剂统筹管理与调配工作，结合各电厂脱硝装置的催化剂检测与性能评估试验结果，实现各单体脱硝装置催化剂型式、规格、布置方式等的优化配置，更能够充分发挥技术服务的规模效益，目前这也已成为发达国家（如美国、德国、日本等）的成熟 SCR 脱硝运维模式。

以华电电科院所承担的 SCR 脱硝催化剂强检业务为例，通过对进入华电集团的 300 余台次 SCR 催化剂进行性能检测评价，有效地保障了华电集团火电厂 SCR 脱硝工程的质量，为部分项目单位挽回直接经济损失近 2000 万元,为华电集团公司避免间接经济损失近 2 亿元,长期来看可为华电集团内约 200 套 SCR 脱硝装置每年减少 6500 多万元 SCR 脱硝运行维护费用,具有巨大的社会和经济效益。

以德国 E.ON 公司针对单台 550MW 机组的核算结果为例,通过开展 SCR 脱硝技术服务工作,能够为该机组节约年运行费用约 110 000 欧元,催化剂管理成本仅为节约成本的 10%,且能够对催化剂寿命进行有效管理,确保 SCR 脱硝装置的安全、高效运行。

90. SCR 脱硝工程性能考核试验包括哪些内容?

答: SCR 脱硝性能考核试验主要是对脱硝效率、氨逃逸浓度、SO_2/SO_3 转化率、还原剂耗量、压降、温降、噪声等设计指标进行的性能测试。

性能考核试验应在新建、改(扩)建烟气脱硝装置 168h 运行移交生产后 2~6 个月内进行。性能考核试验宜在设计工况下持续 3 天以上,对烟气脱硝装置进行 3 天满负荷试验、1 天 75%负荷试验和 1 天 50%负荷试验。试验过程中应燃用设计煤种或尽量接近设计煤种的燃煤,试验期间烟气脱硝装置应处于正常稳定运行状态,试验过程中应对烟气流量、入口 NO_x 浓度等参数进行测量及计算,以确保烟气参数尽量接近设计值。

性能考核试验包括前提条件测试和保证值测试两个部分。前提条件测试项目主要包括烟气流量、NO_x 浓度、烟气温度、烟尘浓度。性能指标测试项目主要包括脱硝效率、氨逃逸浓度、SO_2/SO_3 转化率、氨耗量、氨氮摩尔比、系统压力损失、烟气温降等。

SCR 烟气脱硝装置性能考核试验测点应选在 SCR 反应器入口和出口烟道处,试验测点的数量根据机组大小和现场情况而定,应能正确反映烟气脱硝装置烟气、污染物等参数,试验测点的确定应执行 GB/T 16157 的规定。试验测点的选取和试验参数的测试应按网格法进行。

性能考核试验期间，当烟气脱硝装置的实际测试结果与设计入口参数存在偏差时，主要的性能指标应换算到设计工况。换算的依据是烟气脱硝装置供货方在合同或技术协议中提供的性能修正曲线，如脱硝效率与入口 NO_x 浓度的修正曲线、脱硝效率与入口烟气流量的修正曲线、脱硝效率与入口烟气温度的修正曲线等。

91. SCR 脱硝工程后评估工作包括哪些内容？

答：工程项目后评估是指项目单位在完成项目竣工验收合格并投入生产、运行考核满一年后，对项目在技术、经济、环境、社会各项指标上产生的效果及其影响，与项目立项时的目标值进行对比分析所得出的综合评价。一般要求最晚 168h 后一年半内完成后评估工作。

SCR 脱硝工程后评估一般要求采取"一机一评"的工作模式，从管理指标、技术指标和技经指标三方面着手开展环保技改后评估工作。

（1）管理指标专业评估。主要包括从工程项目的规范化管理、招投标过程的合法性，以及运行维护的缺陷故障率、设备的可靠性方面进行分析，同时包含日常环保技术监督管理体系的建立健全。

（2）技术指标专业评估。主要从系统工艺、运行方式、设备配置、安全设施，以及系统完善性、稳定性、可操作性开展评估，并结合性能评估试验和现场踏勘情况，从环保性能指标、资源能源消耗指标、技术经济性能指标、设备状况指标等四个方面开展技术指标评估工作。即根据污染物排放浓度、脱除效率、系统阻力、氨逃逸、SO_2/SO_3 转化率、污染物排放指标等环保性能指标进行环保性能评估；根据易耗品耗量、单位污染物脱除综合能耗等指标进行资源能源消耗评估；根据装备可用率、负荷适应性、单位污染物脱除成本、工程投资等指标进行技术经济性能评估；现场察看设备运行状况，查阅相关资料，进行设备状况评估。

（3）技经指标专业评估工作主要从劳动生产率和经济收益及项目专项资金管理等角度进行分析，核算预决算的合理性。

92. 什么是 SCR 脱硝装置喷氨优化技术服务？

答：如问题 40 所述，超低排放要求下 SCR 脱硝流场均匀性对于脱硝装置高效稳定运行至关重要，尤其是 SCR 反应器入口处 NO_x 和喷氨浓度分布需均匀，但在实际工程应用中，往往由于设计不当或随着运行时间的延长导致内部流场发生变化，造成脱硝装置效率降低或氨逃逸超标，此时需要及时开展喷氨优化试验解决上述问题。

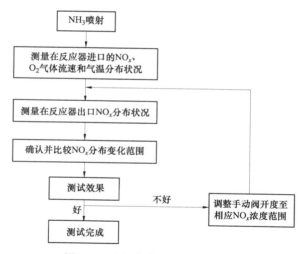

图 5-1　喷氨优化调整试验流程图

如图 5-1 所示，喷氨优化调整试验须逐步进行，一般应在锅炉常规运行负荷条件下开展，主要包括以下内容：

（1）试调喷氨阀。通过试调喷氨支管阀门的开度，初步掌握阀门的调节特性，了解阀门灵敏的开度范围。

（2）管间粗调。在试调的基础上对整个反应器喷氨截面上的各喷氨支管进行大幅度调节，降低截面上的高峰值和低估值。经过 3～5 轮左右的粗调后，基本可实现截面层次上均匀。

（3）深度方向上细调。需在熟悉氨阀特性和粗调均匀的基础上，对每个烟气测孔不同深度喷氨支管进行微调，使深度方向上各点浓度接近。判定优化效果的标准一般是脱硝反应器出口 NO_x 浓度分布偏差小于 $\pm 15\%$。

（4）在常规负荷外开展其他负荷条件下的复核，适当兼顾其他负荷条件下的运行效果。

如图 5-2 所示，某典型 SCR 脱硝喷氨优化试验结果表明，喷氨优化前后反应器出口 NO_x 浓度分布偏差分别由 44.5% 与 27.5% 降至 10.1% 与 12.7%，在脱硝效率略有上升的基础上，氨逃逸有所下降，达到了良好的脱硝运行优化效果。

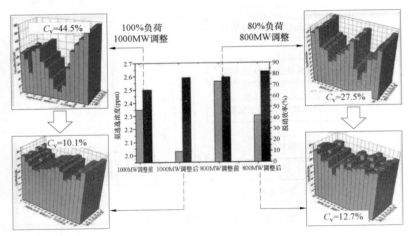

图 5-2　SCR 脱硝喷氨优化试验结果

需要特别说明的是，喷氨优化技术服务仅能解决 SCR 脱硝装置因喷氨不均匀或程度较轻的流场不均匀问题，对于脱硝装置流场设计存在重大缺陷或反应器内催化剂存在大面积堵塞、磨损等问题的项目，仅依靠喷氨优化技术服务是无法达到恢复性能保证值效果的，此时需要根据喷氨优化技术服务结果进行进一步的运行诊断及停机检查技术服务工作，在此基础上制定针对性的流场改造或催化剂管理技术方案。

93. 什么是 SCR 脱硝流场优化技术服务？

答：随着脱硝装置运行时间的延长，由于锅炉燃烧工况变化、喷氨调门特性变化、导流构件积灰磨损等原因，脱硝装置内部流场会发生变化。当变化较小时，可通过喷氨优化工作对流场变化进行适应，满足脱硝装置运行要求。而当变化较大，或脱硝装置设计不合理时，仅通过喷氨优化无法消除流场问题，此时就需要开展流场优化技术服务工作，对问题进行彻底解决。

SCR 脱硝流场优化技术服务工作一般包括以下内容：

（1）现场试验测试 SCR 入口流速、温度、NO_x/NH_3 浓度场分布以及出口 NO_x 浓度场与 NH_3 逃逸浓度，对 SCR 脱硝流场进行全面摸底。

（2）基于摸底测试结果，结合原脱硝装置流场设计资料，对脱硝装置进行全面数值模拟，根据模拟结果进行流场校核与优化，提出优化方案。

（3）基于数值模拟提出的流场优化方案，开展脱硝装置物理模型试验，对流场优化效果进行校核与进一步优化，确定最终流场优化方案。

（4）实施流场优化方案，一般需涉及调整/增加脱硝装置内流场调整部件，必要时需对反应器结构进行局部调整，或增设吹灰器等。

（5）流场优化改造完成后，进行系统的评估优化试验，确保改造达到预期效果。

如图 5-3 所示，以某典型 SCR 脱硝流场优化项目为例，该脱硝装置改造完成后不足半年时间，性能试验结果显示脱硝效率不合格；出口 NO_x 浓度偏差达到 67%，最大值 155mg/m^3，最小值 9mg/m^3；空气预热器出现堵塞严重，阻力达到 3000Pa；靠近前墙积灰严重，靠近后墙磨损严重。经诊断，在脱硝流场设计方面存在较大缺陷，按上述流程进行流场优化后，对 SCR 顶部进行了局部改造，重新设计了导流板与整流格栅，最终评估优化试验结果显示流场明显改善，脱硝效率显著提升。

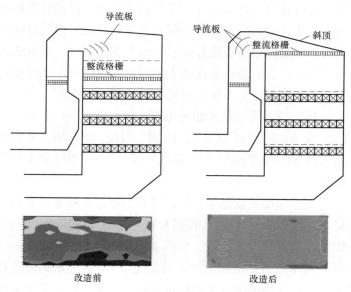

图 5-3　SCR 脱硝流场优化效果对比图

94. SCR 脱硝装置运行诊断与优化包括哪些内容?

答：随着 SCR 脱硝装置的投运时间延长，会逐渐暴露出一些问题，如脱硝效率低、系统压差高、空气预热器压差高、氨逃逸浓度高、NO_x 浓度场不均、温度场偏差、速度场偏差、NH_3/NO_x 不均、喷氨格栅喷嘴堵塞或脱落、供氨管道堵塞及腐蚀、供氨调门线性差等，但 SCR 脱硝具有问题隐蔽、专业性强的特点，因此往往需要开展专门的运行诊断与优化试验，以解决日常运行中遇到的影响 SCR 系统安全稳定运行的技术难题。

　　SCR 脱硝装置性能诊断包括分析现有 SCR 脱硝装置的运行环境（烟气条件）是否与设计条件差别较大，各项运行指标是否合理，催化剂的失活原因，以及脱硝系统的实际运行燃料特性、烟气参数、最大安全效率、SO_2/SO_3 转化率、系统阻力等。SCR 脱硝装置运行诊断及优化试验的主要测试项目见表 5-1。

表 5-1　　　　SCR 脱硝装置运行诊断及优化试验主要测试项目

测试位置	测试内容
SCR 入口	烟气量
	烟气成分
	速度场
	温度场
	NO_x 浓度场
	烟尘浓度
	烟气压力
	SO_3 浓度
SCR 出口	烟气成分
	速度场
	温度场
	NO_x 浓度场
	烟尘浓度
	烟气压力
	SO_3 浓度
	氨逃逸浓度

测试位置	测试内容
	脱硝效率
	氨耗量
	SO_2/SO_3 转化率
	氨氮摩尔比
	空气预热器出口烟气压力
	入炉煤煤质分析
	催化剂取样检测

试验工况主要包括调整前摸底测试，针对常规运行负荷开展诊断、优化试验，调整后进行对比测试，最后进行脱硝装置最大出力试验，具体安排见表 5–2。

表 5–2　　　　　　　试 验 工 况 安 排

序号	项 目	试验负荷
1	调整前摸底测试	60%、80%、100%BMCR 负荷率
2	诊断、优化试验	锅炉常规运行负荷率
3	调整后对比测试	60%、80%、100%BMCR 负荷率
4	脱硝装置最大出力	100%负荷率

95. SCR 脱硝催化剂检测内容与方法包括哪些?

答：SCR 脱硝催化剂检测的内容主要包括外观特性、几何特性、理化特性和工艺特性四大类。

（1）外观特性检测。包括催化剂结构、催化剂表面和催化剂截面单元体形状等。蜂窝式催化剂和平板式催化剂表面质量主要采用目视法测定，同时蜂窝式催化剂单元体的表面及内部裂纹采用塞尺和刻度尺测定，变形度采用游标卡尺、钢直尺、卷尺、塞规或塞尺等测定。

（2）几何特性检测。蜂窝式催化剂的几何特性包括催化剂单元体的长度、横截面尺寸、内壁厚、外壁厚、孔径、节距、几何比表面积和开孔率，平板式催化剂的几何特性包括催化剂单板的长度、波宽、波高、节距、壁厚，主要采用卷尺和游标卡尺测定。

（3）理化特性检测。包括蜂窝式催化剂抗压强度（包含轴向抗压强度和径向抗压强度），主要测试仪器为压力试验机；平板式催化剂粘附强度，主要测试仪器为柱轴弯曲试验仪；蜂窝式催化剂磨损强度（包含硬化端磨损强度和非硬化端磨损强度），主要测试仪器为风机、振动给料机；平板式催化剂磨损强度，主要测试仪器为磨耗仪；微观比表面积，主要测试仪器为比表面积仪；孔容、孔径及孔径分布，主要测试仪器为压汞仪；主要化学成分，主要测试仪器为 X 射线荧光光谱仪（XRF）；微量元素，主要测试仪器为电感耦合等离子发射光谱仪。

（4）工艺特性检测。主要包括催化剂的脱硝效率、SO_2/SO_3 转化率、氨逃逸浓度和活性，主要采用化学发光法或非分散红外吸收法测定 NO 浓度，紫外法测定 NO_2，磁力机械式氧分析仪法或电化学法测定 O_2，非分散红外吸收法或离子色谱法测定 SO_2，溴酚蓝–氢氧化钠试剂法或离子色谱法测定 SO_3，次氯酸钠–水杨酸分光光度法或离子色谱法测定 NH_3，重量法测定 H_2O。

此外，对于在役催化剂，如需要判断其失活原因、评价再生能力及制定具体方案，还会涉及采用专业设备进行催化剂表面官能团、晶体结构、粒子形貌、酸性位等微观表征。

96. SCR 脱硝催化剂检测中试与小试平台的区别在哪里？

答：当前国内外脱硝催化剂检测平台按检测模块大小可分为小试、等长小试以及中试三种。小试的检测模块一般是将催化剂截至截面尺寸 30mm×30mm、高度 300mm 的试样，等长小试一般

是在长度方向与实际催化剂模块保持一致，截面截至 45mm×
45mm 尺寸，中试一般是直接采用截面为 150mm×150mm 的试样，
蜂窝式催化剂采用完整的单元体作为检测模块，但板式催化剂仍
需要进行相应裁剪、组装。

在说明中试与小试平台区别前，需要先说明催化剂的面速度
与线速度区别。所谓面速度，是指烟气流量与催化剂单元体的总
几何表面积之比，以 m/h 表示；所谓线速度，则是指烟气流量与
催化剂截面积之比，以 m/s 表示。在模拟实验中，必须保证面速
度与线速度同时达到实际应用值，实验结果与实际应用效果才具
有可类比性。

小试平台由于无法同时模拟实际工程应用中的催化剂线速度
与面速度，因此测试结果无法代表催化剂实际工程应用性能，一般
仅用作催化剂厂家对产品的质量控制或科研机构的催化剂研究工
作；等长小试与中试均能够有效模拟催化剂实际工程应用条件，因
此可以用作脱硝催化剂检测及寿命管理技术服务，目前在国内外
均已有成熟、广泛的应用。不同试验平台上的测量条件见表 5-3。

表 5-3　　　某检测项目在不同试验平台上的测量条件对比

平台	测量条件		
	空速（h⁻¹）	面速度（m/h）	线速度（m/s）
中试	2538	5.96	3.76
长小试	2538	5.96	3.76
小试	2538	5.96	0.55

由于烟气气流在催化剂孔内的流动状态（紊流、层流）受到
长度的影响，而小试长度与实际催化剂不同，因此无法模拟烟气
在催化剂孔间的实际流动状态。此外，对于在役催化剂，在使用
过程中其长度方向不同部位的失活程度是不同的，因此小试截取

部分的做法也是无法代表实际条件的。这些都是限制小试平台成为催化剂运行管理平台的制约因素，而对于中试和长小试则均能够满足。

97. 什么是 SCR 脱硝催化剂质量管控的"华电模式"？

答：针对华电集团"十二五"期间大批量脱硝改造项目对优质 SCR 脱硝催化剂的需求和 SCR 脱硝催化剂质量参差不齐之间的矛盾，在充分调研国内外 SCR 脱硝催化剂质量管理模式的基础上，华电集团组织制定了《中国华电集团公司火电机组 SCR 催化剂强检要求》，规范了脱硝工程常用的蜂窝式和平板式催化剂检测评价的内容、方法、程序和标准等，构建了催化剂质量管控的"华电模式"。

所谓催化剂质量管控的"华电模式"，是以催化剂生产为切入点，以催化剂性能检测评价为指导，以催化剂更换或回收处理为结点，以延长催化剂寿命为目的的一炉一策 SCR 脱硝催化剂定制化质量管理模式。具体而言，即以安装前催化剂的检测评价为核心，通过在催化剂从生产、安装运行到失效全过程中开展检测，紧密围绕催化剂的"性能检测、质量评价、寿命评估"实施脱硝催化剂的全寿命质量管理，涵盖催化剂从生产、检测评价、运输、安装运行检测、定期性能跟踪到失效再生后的检测评估等各个环节。

通过实施上述 SCR 脱硝催化剂质量管控"华电模式"，华电电科院依托华电集团 200 多台脱硝改造机组开展了 400 余台次 SCR 脱硝催化剂检测评价项目，有效管控了进入华电集团的催化剂质量，切实延长了催化剂实际使用寿命，取得显著经济和社会效益。

98. 什么是"SCR 脱硝催化剂综合质量等级五色评价体系"？

答：SCR 脱硝催化剂的质量管控是一项面向最终用户的工作，

而 SCR 脱硝催化剂的性能检测却是一项专业性较强的实验研究工作。如何将 SCR 脱硝催化剂的几十项分项性能检测结果与最终用户的直观评价需求进行对接是困扰国内外 SCR 脱硝催化剂检测机构的难题，然而无论是国外的 VGB 标准和 EPRI 标准，还是国内的标准（如 DL/T 1286—2013、GB/T 31587—2015 和 GB/T 31584—2015），均没有相应的 SCR 脱硝催化剂质量评价内容。基于此现状，华电电科院在华电集团的组织下，在国内外首创了《SCR 脱硝催化剂综合质量等级评价标准规范》，即"SCR 脱硝催化剂综合质量等级五色评价体系"，见表 5-3。通过对催化剂理化特性和工艺特性各项性能检测参数指标赋予不同的评价权重，最终可根据催化剂性能检测的综合得分判定不同的催化剂质量等级，其中绿色等级最高，可直接安装，红色等级最差，不能安装，必须按合同条款处理。

表 5-4　　　　　　　　　　　催化剂综合质量等级标准

项 目		分值	评分方法	备注
三氧化钨	蜂窝式	10	每低于参考值 0.1%扣 1 分	参考值为 3%
三氧化钼	平板式			参考值为 3%
五氧化二钒	蜂窝式	10	每高于参考值 0.1%扣 2 分	参考值为 1.3%
	平板式		每高于参考值 0.5%扣 2 分	参考值为 3%
三氧化铝	—	5	每超过参考值 1%扣 1 分	参考值为 2%
二氧化硅	蜂窝式	5	每超过参考值 1%扣 1 分	参考值为 4%
	平板式			参考值为 6%
比表面积	蜂窝式	5	每低于参考值 $1m^2/m^3$ 扣 1 分	参考值为 $55m^2/m^3$
	平板式		每低于参考值 $2m^2/m^3$ 扣 1 分	参考值为 $70m^2/m^3$
抗压强度	轴向	10	每低 0.05MPa 扣 2 分	参考值为 2.50MPa
	径向	10	每低 0.05MPa 扣 2 分	参考值为 0.8MPa
磨损强度	硬化端	15	每超过 0.005%/kg 扣 2 分	参考值为 0.08%/kg
	非硬化端	15	每超过 0.005%/kg 扣 1 分	参考值为 0.15%/kg

续表

项　目	分值	评分方法	备注
粘附强度	20	1 级为 20 分；2 级为 10 分；3 级为 5 分；4 级为 2 分。	平板式催化剂
磨损强度	30	每超过 1mg/100U 扣 1 分	参考值为 130mg/100U
脱硝效率	10	每低 0.5% 扣 3 分	参考值为 η_1
SO_2/SO_3 转化率	5	每超过 0.05% 扣 1 分	

注：当指标出现如下情况之一的，综合得分按＜60 分考虑：
（1）二氧化钛含量低于 60%、三氧化二铝含量超过 10%、蜂窝式催化剂五氧化二钒含量超过 3%、平板式催化剂五氧化二钒含量超过 6%、脱硝效率低于设计脱硝效率 η_0，当硫分小于 2.5% 时 SO_2/SO_3 转化率大于 1.25%，当硫分大于 2.5% 时 SO_2/SO_3 转化率大于 1.0%。
（2）蜂窝式催化剂：轴向抗压强度低于 1.00MPa、径向抗压强度低于 0.30MPa、非硬化端磨损强度大于 0.25%/kg 或硬化端磨损强度大于 0.16%/kg。
（3）平板式催化剂：粘附强度为 5 级或磨损强度超过 165mg/100U。

得分	等级	处理意见
得分≥90	绿色	安装
80≤得分＜90	黄色	可安装，但需加强运维
60≤得分＜80	橙色	可安装，但须签订性能保证协议
45≤得分＜60	紫色	不推荐安装，建议更换
得分＜45	红色	不能安装，按合同条款处理

99. 如何预测 SCR 脱硝催化剂的寿命？

答：脱硝催化剂不同于燃煤机组其他设施，具有活性缓慢衰减且不可控的特性，因此如何准确预测其剩余寿命，从而结合机组停机时间进行催化剂加装/更换/再生等工作，是 SCR 脱硝运行管理的一项重要工作内容。如图 5-2 所示，通过将多次脱硝催化剂定期检测结果拟合出催化剂活性衰减曲线，可以预估催化剂寿命到期时间。需要说明的是，不同技术服务单位所采用的纵坐标可能有所不同，可采用 K/K_0、P/P_0 或氨逃逸等指标（K/K_0 即当前催化剂活性与初始活性比值，P/P_0 即当前催化剂潜能与初始潜能比值，氨逃逸一般是指在脱硝效率达标的前提下当前氨逃逸值)，但按照相应的方法都能达到对催化剂寿命进行准确评估的目的。此外考虑到催化剂检测结果涉及取样代表性问题，必要时还需结合脱硝装置性能评估试验与在线监测数据，对催化剂检测结果进行修正，从而提高寿命预测准确性。

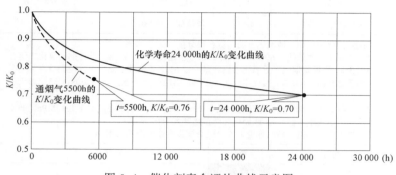

图5-4　催化剂寿命评估曲线示意图

100. 什么是 SCR 脱硝催化剂全寿命管理？

答：SCR 脱硝催化剂全寿命管理是从催化剂生产到催化剂运行、再到催化剂失活再生及资源化利用的全过程管理，如图 5-5 所示，驻厂监造主要针对催化剂的原材料质量、生产设备、生产工艺、包装等多个环节开展生产前检查、生产中检查和成品抽查；检测评价主要针对催化剂的采购开展性能检测和质量评价；进厂验收主要针对装卸和运输过程中可能存在各种不确定因素容易造成的催化剂破损；性能验收主要检测催化剂安装投运后的实际性能水平；定期抽检主要针对催化剂运行过程中的性能跟踪和寿命评估；回收再生质量把控主要综合评估催化剂性能，确定再生和回收方案，并检测再生后的催化剂性能水平。

通过实施催化剂全寿命管理，切实将催化剂生产过程中的驻场监造、催化剂生产后的及时性能检测、催化剂到厂后的实时验收、催化剂运行过程中的定期寿命和性能评估，以及催化剂失活后的再生及综合回收利用等一系列管理模式运用到脱硝工程应用中，可实时掌握脱硝催化剂的性能水平、发现催化剂运行异常、及时评估诊断催化剂性能、配套制定针对性措施，从而确保脱硝装置的安全、稳定、高效、经济运行。

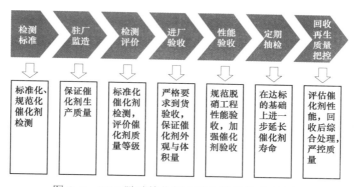

图5-5　SCR脱硝催化剂全寿命管理体系示意图